#집에서도어렵지않게
#레스토랑파스타
#미식파스타
#셰프의한끗다른파스타

맛있는 요리를 만드는 레시피가 있는 것처럼 웃음, 힐링, 성장을 만드는 레시피도 있을까요?
레시피팩토리는 모호함으로 가득한 이 세상에서 당신의 작은 행복을 위한 간결한 레시피가 되겠습니다.

고메파스타

매일 만들어 먹고 싶은

Prologue

집에서 즐기는 레스토랑 파스타, '고메파스타'를 만나보세요

주말에 아이들에게 먹고 싶은 걸 물으면 높은 확률로 '파스타'라고 말합니다.
그러다 보니 평일에는 셰프로, 주말에는 아빠로서 파스타를 만들게 되지요. 어떤 날엔 냉장고에 있는 재료를 탈탈 털어 시판 토마토소스와 치즈를 듬뿍 넣어 만들기도 하고, 아이디어가 번뜩 스치는 어느 날엔 시금치를 갈아 수제비 같은 생면 파스타를 만들어 주기도 해요. 취향도 제각각이라서 중학생 큰아들은 봉골레 같은 오일파스타를 좋아하고, 천천히 먹는 걸 좋아하는 둘째 아들은 잘 불지 않는 리가토니를 포크로 콕콕 찍어 먹는 걸 좋아합니다. 아내는 카치오 에 페페 같이 치즈가 듬뿍 들어간 파스타를 와인과 함께 먹는 것을 선호해요. 이렇게 가족들 덕분에 저는 누구보다 다양한 파스타를 만들어 볼 수 있었습니다. 셰프이자 아빠로 레스토랑에서, 그리고 집에서 파스타를 만들고 연구하면서 '레스토랑 파스타'와 '가정식 파스타' 사이의 경계가 허물어지기도 했고, 어떤 부분에서는 그 차이가 더 명확해지기도 했어요. 저의 이런 경험들 덕분에 이 책을 쓸 수 있었습니다.

레스토랑에서 만드는 파스타와 집에서 만드는 파스타는 확실히 다릅니다. 재료도 다르고, 조리도구도 다르고, 불 세기 등 조리 환경도 다르지요. 저도 처음엔 시행착오를 많이 겪었습니다. 어떻게 하면 집에서도 레스토랑에서 먹는 맛을 낼 수 있을까. 생각 끝에 내린 결론은, 정말 레스토랑처럼 만들자는 거예요. 조금 번거롭더라도 맛을 위해 1인분씩 조리하고, 스톡과 소스는 직접 만듭니다. 또 실제 업장처럼 파스타를 3~4분 정도 덜 삶은 후 면수와 스톡을 함께 넣고 졸이면서, 파스타의 전분을 뽑아내고 면의 식감을 알덴테로 유지하는 조리법을 사용하는 것이지요. 모든 레시피는 독자 검증단의 검증을 통해 가정에서 좀 더 쉽게 따라할 수 있도록 수정 보완을 거쳤고, 간편하게 만드는 방법도 함께 소개했습니다.

레시피를 보면 생소한 재료도 있고, 냉장고에 당장 없는 것들도 있을 거예요. 하지만 처음 따라할 때는 대체 재료를 사용하기보다 원래의 레시피대로 만들어보길 추천해요. 요리할 때 재료, 불 세기 등 생각보다 작은 차이가 맛의 차이를 만듭니다. 우선 제가 알려드리는 방법대로 따라해보고, 추후 다양하게 응용한 뒤 이를 기준 삼아 맛의 차이를 느껴보길 바랍니다. 고메파스타는 어렵지 않아요. 올리브유와 버터를 조금 더 질 좋은 것으로 바꾸는 것부터, 통후추를 그라인더가 아닌 돌절구에 가는 것부터 시작해보세요. 작은 변화들이 나를 미식가로, 우리집 식탁을 이탈리안 레스토랑으로 만들어줄 거예요.

— 남정석

Contents

abc 가이드

a advanced
준비 과정이 다소 많지만
도전할 만한 맛있는 레시피

b beginner
재료, 조리법이 모두 간단한
초보자를 위한 쉬운 레시피

c choice
저자가 특히 추천하는 레시피

ple

심플 고메파스타

테이스티 고메파스타

Tasty

Exotic

이색 고메파스타

Veggie

채식 고메파스타

fresh noodle

생면 고메파스타

이 책의 모든 레시피는요!

☑ **표준화된 계량도구를 사용했습니다.**

- 1컵은 200mℓ, 1큰술은 15mℓ, 1작은술은 5mℓ 기준입니다.
- 계량도구 계량 시 윗면을 평평하게 깎아 계량해야 정확합니다.
- 밥숟가락은 보통 12~13mℓ로 계량스푼(큰술)보다 작으니 감안해서 조금 더 넉넉히 담아야 합니다.

☑ **채소는 중간 크기를 기준으로, 파스타 완성은 1인분을 기준으로 제시했습니다.**

- 토마토, 양파, 당근, 가지 등 개수로 표시된 채소는 너무 크거나 작지 않은 중간 크기를 기준으로 개수와 무게를 표기했습니다.
- 완성 분량(인분)은 특별한 경우를 제외하고는 맛을 위해 1인분을 기준으로 소개합니다.

Gourm

et guide

고메파스타 기본 가이드

재료 선택부터 파스타 삶는 법, 소스 만들기, 피니싱 터치까지 셰프의 파스타 노하우를 모두 담았습니다.
고메파스타로 우리집 식탁을 이탈리안 레스토랑으로 바꿔보세요.

고메파스타 알아보기

고메파스타란?

특별한 날 레스토랑에서 먹던 특별한 요리 파스타가 언제부터인가 집에서도 부담 없이 만들어 먹는 일상식이 되었습니다. 한식처럼 국, 반찬을 따로 준비하지 않아도 되니 손이 덜 가고, 시판 소스만 있으면 기본 맛은 보장되니까요. 그런데 정말 맛있는 파스타가 먹고 싶을 땐 다시 레스토랑을 찾습니다. 집에서 만들면 왠지 모르게 맛이 2% 부족하거든요. 면 삶기부터 소스의 맛과 농도 맞추기, 피니싱 재료까지, 레스토랑 파스타가 맛있는 데는 그만한 이유가 있습니다.

고메파스타는 여기에서 시작합니다. 고메(gourmet)는 '미식가', '식도락가'란 뜻으로, 고급 음식과 그 문화를 나타내는 의미로 전 세계에서 쓰여요. 이 책에서 소개하는 '고메파스타'는 '레스토랑처럼 고급스럽고 맛있는 파스타'에 초점을 맞췄습니다. 이탈리안 레스토랑 셰프의 노하우를 집밥의 눈높이로 소개, 집에서도 어렵지 않게 고급스럽고 맛있는 파스타를 만들어 즐길 수 있도록 안내합니다.

- **심플 고메파스타** Simple gourmet pasta
  알리오 올리오, 뽀모도로, 까르보나라 등 기본 파스타를 배우며 기본기를 다집니다.

- **테이스티 고메파스타** Tasty gourmet pasta
  고기, 해산물, 과일, 치즈 등 다양한 재료와 조리법으로 풍성하게 맛을 낸 파스타를 배웁니다.

- **이색 고메파스타** Exotic gourmet pasta
  색다른 재료, 색다른 조리법으로 이국적인 맛을 느낄 수 있는 파스타를 소개합니다.

- **채식 고메파스타** Veggie gourmet psasta
  채소 요리 전문가이기도 한 셰프가 재료는 물론 소스까지 채소로 풍부한 맛을 낸 시그니처 파스타를 소개합니다.

- **생면 고메파스타** Fresh noodle gourmet pasta
  고급 레스토랑에서 맛보던 생면 파스타를 집에서 즐길 수 있도록 생면 반죽법부터 상세히 안내합니다.

셰프의 고메 포인트

① 1인분씩 조리해요

가정에서 파스타를 2~3인분씩 한꺼번에 만들면, 팬의 크기에 비해 재료가 많아져 면이 불 수도 있고 여러모로 맛이 떨어져요. 이 책에서는 정확하게 맛을 내기 위해 1인분씩 조리합니다.
2인분을 만들 경우 재료를 2배로 늘려서 만들되, 조리 시간은 상태를 보며 조절합니다.
3인분 이상일 경우는 면 익히는 시간을 약간 줄이고, 부재료의 양을 인분수보다 약간 적게(3인분인 경우 부재료는 2.5배 정도) 넣길 추천합니다. 이때 최대한 큰 팬을 써야 맛의 손실을 줄일 수 있어요.
4인분 이상인 경우는 한꺼번에 만드는 것보다 2인분씩 나눠서 만드는 편이 훨씬 맛이 좋습니다.

---

② 스톡과 소스는 직접 만들어요

고메파스타 맛의 기본은 스톡과 소스라고 할 수 있어요. 파스타의 맛을 내는 기본 국물인 스톡(stock)은 메뉴에 따라 채수나 닭육수를 사용해요. 일반적으로는 면을 삶았던 면수로 맛과 농도를 잡는 경우가 많은데, 채수나 닭육수를 함께 더하면 훨씬 풍미와 감칠맛이 좋답니다.
가급적 직접 만드는 것을 추천하지만 바쁠 때나 소량 만들 때를 위해 시판 스톡 활용법도 27~28쪽에 소개했어요. 파스타 소스는 토마토소스, 라구소스, 캐슈넛소스, 바질페스토 4가지를 기본으로 소개해요. 진정한 고메파스타를 즐기고 싶다면 번거롭더라도 만들어보길 추천합니다.

---

③ 면은 알덴테로 익혀요

맛있는 파스타는 면이 '알덴테' 이면서 소스와 잘 어우러지는 상태예요. '알덴테(al dente)'는 이탈리아어로 '치아'를 뜻하는데, 씹었을 때 가운데 심이 살짝 씹히는 식감을 말합니다.
처음 접하면 덜 익었다는 생각이 들 수 있지만, 익숙해지면 쫄깃한 식감이 매력 있어요. 이 책에서도 면 삶기를 알덴테 기준으로 소개해요. 하지만 취향에 따라 면 삶는 시간을 조절해도 됩니다.

---

④ 면은 짧게 삶고, 면수는 충분히 넣어요

파스타를 만들 때 면을 길게 삶고 짧은 시간 조리하는 것보다, 면 삶는 시간을 줄이고 팬에서 면수나 스톡을 넉넉히 넣어 오래 조리하는 게 맛이 더 잘 배고 면에 소스가 잘 코팅돼요. 또한 면은 조리 직전에 삶는 게 좋고, 미리 삶아 놓는 경우는 2분 덜 삶아서 식혀 둬요(자세한 내용 34쪽).

---

⑤ 피니싱 재료가 맛을 완성해요

파스타를 그릇에 담은 후 마지막에 뿌리는 피니싱 재료가 고메파스타를 완성해요.
예를 들어 엑스트라 버진 올리브유 또는 치즈를 마지막에 넣으면 풍미가 확 살아나지요.
해산물 파스타에는 피니싱 터치로 레몬을 뿌리기도 해요. 약간의 산미는 입맛을 돋우는 역할을 한답니다. 이밖에 통들깨, 크럼블(만들기 33쪽) 등을 뿌리면 맛과 식감까지 더할 수 있어요.

고메파스타 재료 비법

스파게티

링귀네

페투치네

탈리아텔레

파스타

파스타는 만드는 방법에 따라 우리가 일반적으로 사용하는 건 파스타(dry), 직접 밀가루를 반죽해 만드는 생 파스타(fresh, 122쪽)로 나눌 수 있어요. 또한 모양에 따라서는 롱 파스타(long), 숏 파스타(short)로 분류할 수 있습니다. 이 책에서 사용된 여러 가지 모양의 파스타를 소개해요.

통밀파스타

롱 파스타

스파게티 Spaghetti
가장 대중적으로 많이 사용하는 면으로 어떤 소스, 어떤 재료와도 잘 어울려요.

링귀네 Linguine
칼국수처럼 납작한 모양이에요. 다른 롱 파스타에 비해 덜 퍼지고, 소스에 닿는 면적이 넓어서 오일 베이스의 파스타에 추천해요.

페투치네 Fettuccine
링귀네보다 더 넓은 납작한 면으로 단단하고 두꺼워요. 크림소스와 잘 어울려요.

탈리아텔레 Tagliatelle
페투치네와 비슷하지만 페투치네보다 조금 더 좁고 얇아요. 페투치네는 주로 길게 포장해 판매하는 반면, 탈리아텔레는 얇아서 부서지는 것을 방지하기 위해 돌돌 말려 있어요.

숏 파스타

펜네 Penne
펜촉 모양의 숏 파스타로, 비슷한 모양의 리가토니보다 작고 얇아요. 크림 베이스의 파스타에 주로 사용해요.

푸실리 Fusilli
나선형 모양의 파스타예요. 모양이 예뻐서 샐러드에 많이 사용하고 수프에도 잘 어울려요.

카사레치아 Casareccia
푸실리보다 덜 촘촘한 모양이에요. 얇고 길어서 식감이 좋고, 크림 파스타와 콜드 파스타에 잘 어울려요.

오레키에테 Orecchiette
귓불 모양인 오레키에테는 엄지 손톱 정도의 작은 크기예요. 우리나라에서는 대중적으로 많이 먹지 않지만 이탈리아에서는 파스타나 수프로 많이 이용해요.

리가토니 Rigatoni
리가토니는 식감이 특히 좋아요. 식어도 잘 불지 않아 쫄깃한 식감을 오래 유지하기 때문에 도시락이나 대량 조리에 적합해요.

건강 지향 파스타

풍부한 식이섬유 통밀파스타

대부분의 파스타 브랜드에서 통밀파스타를 판매해요. 통밀파스타는 도정하지 않은 통밀로 만들어 색이 진하고 식감은 다소 거칠지만, 씹을수록 맛이 고소하고 식이섬유가 풍부합니다. 마트에서도 쉽게 구입할 수 있어요.

낮은 혈당지수 화이버파스타

이탈리아 보건부로부터 당뇨병에 도움을 줄 수 있다고 공식적으로 인정을 받은 파스타예요. 일반 파스타에 비해 식이섬유와 단백질의 함량이 높고 혈당지수(GI)가 낮아 당뇨병 환자나 식단 관리가 필요한 사람들에게 각광 받고 있어요. 겉모양이나 식감이 일반 파스타와 크게 다르지 않은 것도 장점으로 꼽힙니다.

글루텐프리 렌틸파스타

밀이 아닌 렌틸콩으로 만든 글루텐프리 파스타예요. 렌틸의 색 때문에 파스타에서 붉은색이 나는 것이 특징입니다. 100% 렌틸로만 만든 파스타는 국내에서 구입하기 어렵고, 룸모에서 렌틸과 현미 등으로 만든 제품이 판매돼요.

파스타는 어떤 재료, 어떤 소스로 요리하느냐에 따라 건강식이 될 수도 있어요.
실제 세계적으로 꼽히는 건강식인 '지중해 식단'에서 빠질 수 없는 음식이기도 하답니다. 요즘은 더 건강한 재료로 만든 다양한 건강 지향 파스타들이 많이 나오고 있으니 맛있게 먹고 건강도 챙겨보세요.

글루텐프리 현미파스타

밀가루 음식 소화에 어려움을 겪는 분들이라면 특히 반길 만한 파스타예요. 우리 쌀로 만든 국내산 제품들이 다양하게 생산되고 있답니다. 현미파스타는 밀가루로 만든 파스타에 비해 식감이 쫄깃해 떡볶이 등 다른 요리에도 활용할 수 있어요.

글루텐프리 퀴노아파스타

퀴노아는 단백질 함량이 높고 열량이 낮은 등의 다양한 이점으로 슈퍼푸드로 각광받는 곡물이에요. 퀴노아파스타 또한 글루텐프리로, 밀가루에 대한 부담 없이 파스타를 즐길 수 있습니다. 시중에 판매되는 퀴노아파스타는 보통 퀴노아 외에 쌀과 옥수수 등을 섞어서 만들어요.

시판 재료

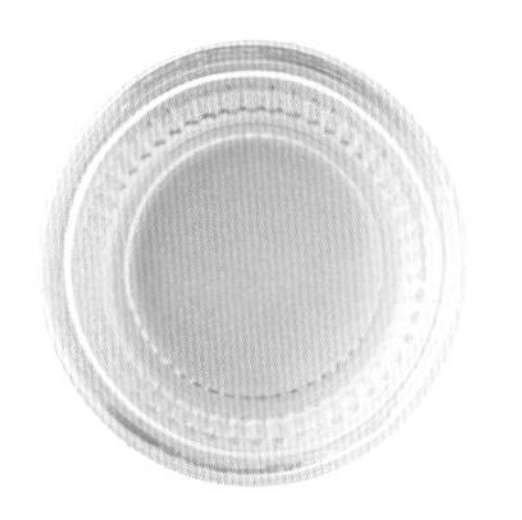

엑스트라 버진 올리브유

신선하고 좋은 엑스트라 버진 올리브유는 파스타의 풍미를 업그레이드해요. 요리에 직접 사용하기도 하고, 마지막에 뿌려 향을 내기도 하지요. 좋은 엑스트라 버진 올리브유는 산뜻한 풀 향기와 과일 향이 나면서 끝 맛은 살짝 매콤하고 톡 쏘는 맛이 나요. 간혹 저렴한 제품 중에는 다른 오일이 섞인 것이 있는데, 맛과 향이 덜하기 때문에 고를 때 주의해야 합니다. 플라스틱 용기보다는 유리 용기에 담긴 것, 빛이 차단되는 갈색 병에 담긴 것이 좋습니다.

게랑드 소금

말돈 소금

소금

꽃소금처럼 입자가 굵은 소금은 면수에 주로 사용하고, 재료에 간을 할 때는 고운 소금을 사용하는 것이 좋아요. 조금 더 맛에 욕심을 내고 싶다면 프랑스의 게랑드 소금이나 영국의 말돈 소금을 추천합니다.

통후추

통후추를 사용하기 전에 팬에 살짝 볶아서 쓰면 맛과 향이 더 진해져요. 페퍼밀로 갈아서 쓰면 편하긴 하지만, 절구에 넣고 거칠게 빻아서 사용하면 후추의 참맛을 알 수 있을 거예요.

파스타에 자주 사용하는 시판 재료를 정리했어요. 별 것 아닐 것 같은 작은 것에서부터
맛의 차이가 생기니 파스타를 만들기 전에 꼭 읽어보세요.

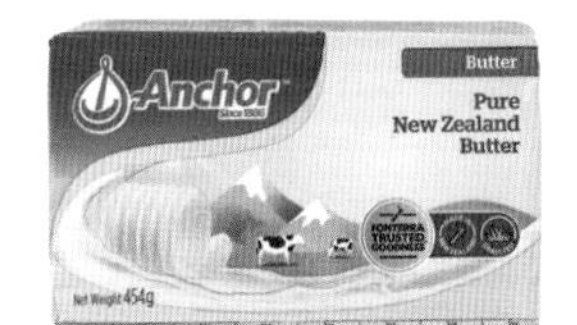

버터

전체적으로 파스타의 풍미를 올리는 역할을 해요.
어느 파스타에 넣어도 잘 어울리는데, 넣고 안 넣고의 차이가
큰 재료이기도 하지요. 파스타에는 무염 버터를 사용합니다.
가염을 사용한다면 맛을 보며 소금이나 소스의 분량을 조절해
염도를 맞춰요. 완성된 파스타를 그릇에 담고 풍미가 좋은
고메 버터를 올려 스며들게 하면 또 다른 맛을 느낄 수 있어요.
가성비 좋은 앵커 버터나 좀 더 고급인 이즈니 버터를 추천합니다.

그라나파다노치즈
파마산치즈가루

그라나파다노치즈

파스타의 감칠맛을 주는 중요한 재료예요. 그라나파다노는
블록 형태의 단단한 치즈(경성치즈)로, 이탈리아의 가장 오래되고
대중적인 치즈 중 하나입니다. 비슷한 것으로 '파르미지아노
레지아노'가 있는데, 만드는 지역과 숙성 기간에 차이가
있어요. 파르미지아노 레지아노가 조금 더 비싸고 고급 재료로
칩니다. 이 책에서는 더 대중적인 그라나파다노를 사용했어요.
'파마산치즈가루'도 비슷한 용도로 쓰이는데, 이는 밀가루 등
다른 재료가 섞여 있는 경우가 많으므로 진정한 맛을 느끼고 싶다면
블록 치즈를 갈아서 쓰는 것을 추천합니다.

페페론치노

이탈리아 요리에 주로 사용하는 고추로, 청양고추보다 매운
맛이 강하고 작아요. 국내에서는 대부분 말린 상태로 판매해요.
홀(whole)과 분쇄된 것이 있는데, 분쇄된 것은 풍미가 덜
느껴지니 홀 페페론치노를 사용하는 것이 좋습니다.
매운맛이 약간 다르기는 하지만 베트남고추로 대체할 수 있어요.

올리브

파스타에 가장 흔하게 사용하는 부재료예요. 올리브는 품종에 따라 블랙, 그린으로 나뉘며 제품에 따라 모양과 크기가 조금씩 달라요. 시중에 '피티드(pitted)' 올리브라고 판매하는 것은 씨를 뺀 제품인데, 사용하기는 편리하지만 정제수에 담겨있어 올리브 특유의 맛이 덜해요. 맛을 위해서라면 씨 있는 올리브를 추천합니다(올리브 씨 빼는 법 오른쪽 하단 tip 참고).

앤초비

이탈리아, 스페인 등지에서 주로 먹는 소금에 절인 멸치예요. 캔이나 병 제품으로 유통되고, 제품마다 크기나 짠맛 등이 다릅니다. 멸치가 너무 얇거나 집었을 때 살이 으깨지는 것은 좋지 않은 것이니 주의해요.

선드라이드 토마토

토마토를 햇볕에 말린 것으로 생 토마토보다 새콤달콤한 맛이 강해요. 수분감이 적고 식감이 쫄깃해 파스타 부재료로 사용하기 좋습니다. 집에서 말릴 경우 방울토마토를 원하는 크기로 썰어 시즈닝(소금, 통후추 간 것, 허브, 엑스트라 버진 올리브유 약간씩)을 기호에 따라 뿌린 후 오븐은 100°C에서 90분, 식품건조기는 60°C에서 6~8시간 정도 말립니다.

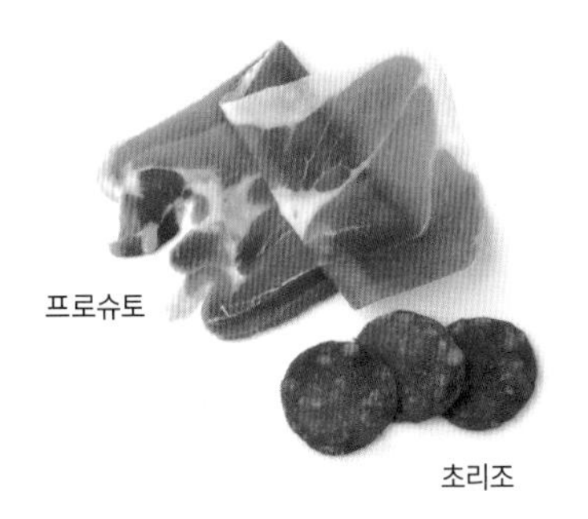

생햄

이탈리아의 프로슈토, 스페인의 하몽과 초리조 등의 생햄을 파스타에 넣으면 간편하게 맛과 풍미를 올릴 수 있어요. 특히 초리조는 매콤한 맛과 쫄깃한 식감이 좋아서 파스타와 아주 잘 어울리는 재료이지요. 어느 파스타든 초리조를 얇게 썰어 마지막에 올리면 훨씬 맛있어져요.

허브

향을 위해서도, 비주얼을 위해서도 파스타에 빠질 수 없는 재료가 허브이지요. 가장 흔하게 사용하는 것은 바질인데, 토마토소스와 특히 잘 어울립니다. 고기가 들어가는 파스타에는 타임을 넣으면 잘 어울리고, 생선이나 해산물 파스타에는 딜을 더하면 향긋해요. 이탈리안 파슬리는 특유의 향은 덜 하지만, 그래서 모든 파스타에 잘 어울리지요. 이탈리안 파슬리는 너무 잘게 다지면 짓물러질 수 있으니 작게 썬다는 느낌으로 써는 것이 좋습니다. 모든 허브는 가급적 말린 것보다 생 허브를 쓰는 것을 추천해요.

tip **올리브 씨 제거하기**

방법 1 올리브 피터(씨 제거하는 도구)를 사용한다.

방법 2 씨 가까이 칼을 넣고 과육을 돌려 깎는다.

방법 3 올리브를 세워 위에서 봤을 때 우물 정(井)자로 과육을 썬다.

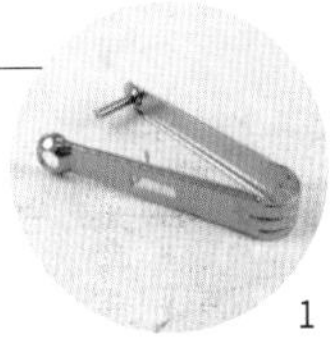
1

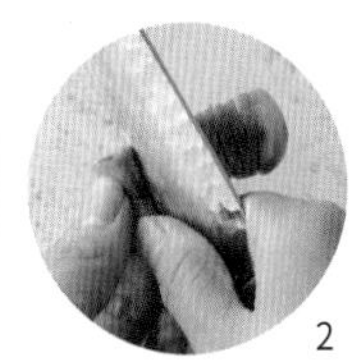
2

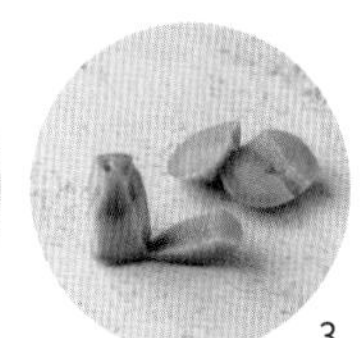
3

도구

계량 도구

다른 재료는 눈대중량을 함께 표기했지만,
파스타는 재료의 특성상 무게로만 표기했어요.
정확한 계량이 고메파스타를 만듭니다.
저울과 계량컵, 계량스푼을 꼭 구비하길 바랍니다.

냄비

파스타를 삶을 때 면이 잠길 정도로 물이 충분히
들어가고, 끓었을 때 넘치지 않을 정도로 크고 깊은
냄비가 필요해요. 이 책에서는 1인분을 기준으로
물 7컵(1.4ℓ)을 사용합니다. 파스타 전용 냄비를
사용하면 한 번에 건져낼 수 있어서 편리해요.

팬

오일 파스타를 만들 때는 열전도율이 높고 가벼운
알루미늄 팬을 사용하면 좋아요. 스테인리스 팬은
알루미늄 팬에 비해 무겁고 두껍지만,
소스가 많고 오래 끓이는 파스타에 적합합니다.
대신 알루미늄과 스테인리스 팬은 재료가 잘
들러붙기 때문에 고기를 굽거나 양념이 있는 재료를
볶을 때는 코팅 팬을 사용하면 편리합니다.

긴 집게 · 튀김용 젓가락

센 불로 조리하는 파스타가 많기 때문에 길이가
긴 튀김용 젓가락이나 조리용 집게를 사용하는 게
좋아요. 면을 돌돌 말아 접시에 담을 때도
유용하답니다. 코팅 팬을 사용할 때는 집게보다는
나무 젓가락을 사용해야 코팅이 벗겨지지 않아요.

장인은 도구를 탓하지 않지만, 좋은 도구가 있으면 고메파스타에 한 발짝 더 가까이 갈 수 있습니다.
파스타를 만들 때 필요한 도구와 구비하면 좋은 도구를 소개합니다.

스퀴저

오렌지나 레몬 등 감귤류의 즙을 짤 때 사용해요. 스퀴저가 없다면 과육에 포크를 찔러 포크를 돌려가며 즙을 짜면 돼요.

치즈 그레이터

그라나파다노, 파르미지아노 레지아노 등 단단한 치즈를 갈 때 사용해요.
치즈가 굵게 나오는 그레이터보다는 얇고 가늘게 나오는 제품을 추천해요.

돌절구

꼭 필요한 건 아니지만 고메파스타를 위해 유용한 도구예요. 통후추를 살짝 볶아서 돌절구에 넣어 거칠게 빻아서 쓰면 파스타의 풍미가 확 달라지는 것을 경험할 수 있어요.

파스타 머신

생면 파스타를 만들 때 유용한 도구예요. 반죽을 넣으면 얇은 두께로 펼쳐줍니다. 사진처럼 반죽기에 탈부착하는 형태로 나오기도 하며, 면을 썰어주는 틀까지 있으면 아주 간편하게 생면을 만들 수 있답니다. 파스타 마니아라면 하나쯤 장만해보세요.

고메파스타 스톡 & 소스 비법

스톡 만들기

스톡(stock)은 파스타 맛을 내는 기본 국물이에요. 이 책에서는 메뉴에 따라
채수와 닭육수 두 가지를 사용합니다. 스톡이 맛에 큰 영향을 주니 번거롭더라도 한번 만들어보세요.
간단하게 만드는 방법과 시판 스톡 활용법도 함께 소개합니다.

채수

약 1.5ℓ분 / 냉장 5일, 냉동 30일

방법 1 **정석으로 만들기**

무 약 1/4개(300g), 당근 1/2개(100g), 양파 1/2개(100g), 대파 1대, 셀러리 줄기 1/2대,
건표고버섯 3개, 마늘 3톨, 월계수잎 2장, 통후추 20알, 건다시마 15×15cm 1장(또는 절단 다시마 5~7장),
화이트와인 1/2컵(100㎖, 생략 가능), 물 15컵(3ℓ)

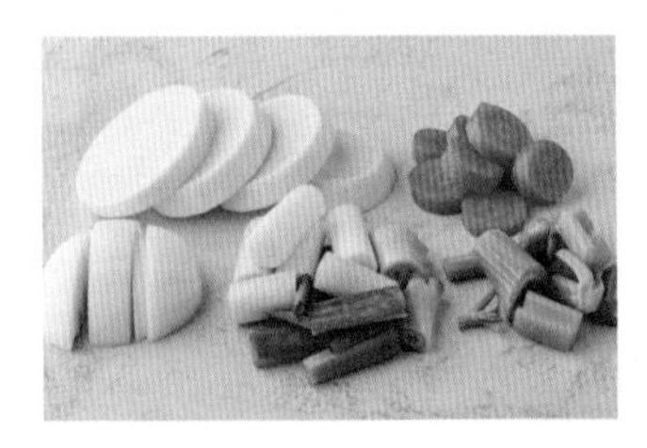

1 무, 당근, 양파, 대파, 셀러리는 적당한 크기로 썬다.

2 냄비에 다시마를 제외한 모든 재료를 넣는다. 뚜껑을 열고 중간 불에서 끓어오르면 40분간 끓인 후 다시마를 넣는다. 불을 끄고 10~15분간 우린다.

3 체에 건더기를 거른다. 식고 난 후 거르면 양이 줄어들기 때문에 가급적 바로 거른다.

tip 채수·닭육수 분량 조절하기

채수의 분량을 2배로 늘릴 경우, 모든 재료를 2배로 늘리고 끓이는 시간을 1시간으로 늘린다.

닭육수의 분량을 1/2로 줄일 경우, 모든 재료를 1/2로 줄이고 끓이는 시간은 동일하게 한다.

tip 채수·닭육수 활용하기

채수나 닭육수는 각종 국물 요리나 떡볶이, 카레, 수프 등의 밑국물로 활용 가능하다. 거르고 남은 단단한 채소는 다져서 라구소스에 활용해도 된다.

방법 2 간단하게 만들기

밀폐용기에 생수 10컵(2ℓ), 건표고버섯 8개, 건다시마 15×15cm 1장(또는 절단 다시마 5~7장)을 넣고 냉장실에서 6시간 이상 우린다.

방법 3 시판 채소스톡 활용하기

생수 1컵(200mℓ)당 액상형 채소스톡(연두) 2/3큰술 또는 생수 2컵(400mℓ)당 고체형 채소스톡 1개를 넣고 섞어서 사용한다. 단, 액상형 또는 고체형 채소스톡은 자체의 염도가 있으므로 파스타에 사용할 때 맛을 보며 소금 양을 조절한다.

닭육수

약 6ℓ분 / 냉장 5일, 냉동 30일

방법 1 **정석으로 만들기**

닭뼈 3마리분(1kg),
양파 2개(400g), 당근 1개(200g),
대파 1대, 셀러리 줄기 1대,
타임 1/5팩(2g), 월계수잎 3장,
통후추 20알, 물 8ℓ

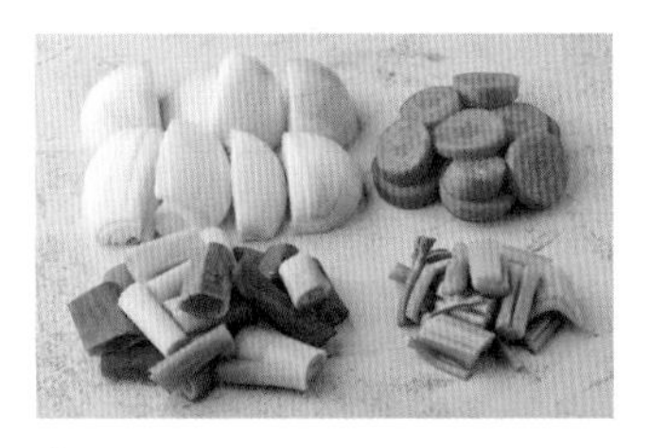

1 양파, 당근, 대파, 셀러리는 적당한 크기로 썬다.

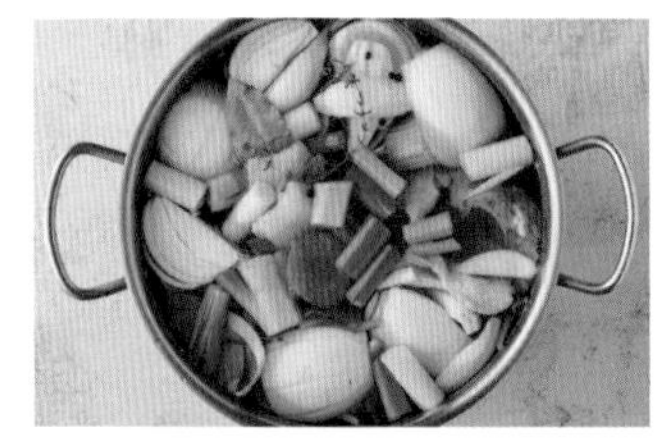

2 냄비에 모든 재료를 넣고 중간 불에서 끓어오르면 1시간 동안 끓인 후 불을 끄고 10분간 식힌다.

3 체에 건더기를 거른다. 식고 난 후 거르면 양이 줄어들기 때문에 가급적 바로 거른다.
* 분량 줄이기와 남은 닭육수 활용법은 27쪽 tip참고.

tip **닭뼈 구입하기**

온라인을 통해 1kg 단위로 판매하는 육수용 닭뼈를 구입할 수 있다.

tip **닭육수 맛 내기**

깔끔한 맛의 육수를 원한다면 닭뼈의 기름을 떼어내고, 진한 맛을 원한다면 닭뼈를 180°C로 예열한 오븐에 넣어 황금색이 될 때까지 15~20분간 구운 후 사용한다.

방법 2 **시판 치킨스톡 활용하기**

물 2컵(400㎖)당 고체형 치킨스톡 1개 또는 액상이나 가루형 치킨스톡 1큰술을 넣고 섞는다.
단, 시판 치킨스톡은 자체의 염도가 있으므로 파스타에 사용할 때 맛을 보며 소금 양을 조절한다.

소스 만들기

파스타 기본 소스로 토마토소스, 바질페스토, 캐슈넛소스, 라구소스 네 가지를 소개해요.
냉동하면 오래 보관도 가능하니 한꺼번에 만들어 다양한 요리에 활용하세요.
* 소스별 메뉴는 139쪽을 참고하세요.

토마토소스

약 3컵분 / 냉장 7일, 냉동 30일

통조림 토마토홀 800g, 양파 1/3개(70g), 다진 마늘 2작은술,
토마토 페이스트 1작은술(생략 가능), 엑스트라 버진 올리브유 4~5큰술,
설탕 1큰술, 소금 1/2작은술, 건오레가노 1큰술, 바질 5~6장

1 양파는 잘게 다지고, 토마토홀은 볼에 넣어 손으로 대충 으깬다.

2 달군 냄비에 올리브유, 다진 마늘을 넣고 중간 불에서 1~2분간 갈색이 되기 전까지 볶는다. * 마늘이 갈색이 되면 쓴맛이 날 수 있다.

3 양파를 넣고 중간 불에서 3~4분간 양파가 숨이 죽을 때까지 볶는다.
* 약한 불에서 볶으면 물기가 생길 수 있다.

4 토마토 페이스트를 넣고 중간 불에서 3분간 볶는다.

5 토마토홀을 넣고 중간 불에서 저어가며 20분간 끓인다.

6 설탕, 소금, 건오레가노를 넣고 섞은 후 바질을 넣는다.
* 큰 바질은 손으로 찢어 넣는다.

tip 토마토소스 활용하기

오믈렛 소스, 라자냐 소스, 수프나 스튜 등에 활용할 수 있다.

바질페스토

약 1컵분 / 냉장 7일, 냉동 60일

바질 100g, 볶은 땅콩 약 1/2컵(또는 다른 볶은 견과류, 50g),
그라나파다노치즈 50g(또는 파마산치즈가루),
마늘 2쪽(또는 다진 마늘 1큰술), 엑스트라 버진 올리브유 약 3/4컵(150g), 소금 5g

1 믹서에 모든 재료를 넣고
입자가 약간 남아있을 정도로 간다.
* 바질페스토는 입자가 약간
남아있는 정도로 갈아야
맛과 식감, 갈변 방지에
도움이 되며, 용기에 담은 후
엑스트라 버진 올리브유를 부어
윗면을 살짝 덮으면 갈변을
막을 수 있다. 만든 직후보다는
2~3일 후가 더 맛있다.

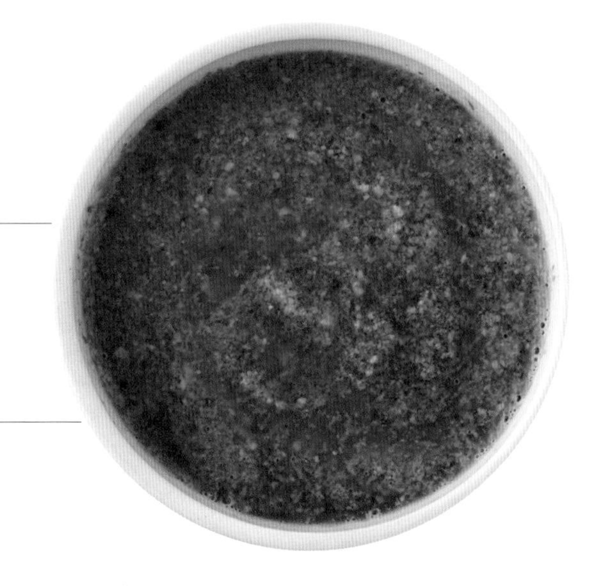

tip 바질 사용하기

바질은 늦봄부터 장마 전까지가 가장 저렴하므로
여름에 한번에 많이 만들어두고 냉동 보관하면 좋다.
시판 바질페스토를 사용할 경우, 실온에서 판매하는 병 제품은
향과 색감이 약하므로 냉동 제품을 선택하는 게 좋다.

tip 바질페스토 활용하기

스테이크 또는 구운 채소에 곁들이는 소스로,
샌드위치 스프레드로, 샐러드 드레싱으로 사용할 수 있다.
또는 요거트나 크림치즈 등과 섞으면 또 다른 소스가 완성된다.

캐슈넛소스

약 1과 1/2컵분 / 냉장 4일

캐슈넛 약 1컵(140g), 귀리우유 약 1과 1/5컵
(또는 아몬드밀크, 두유, 240㎖), 마늘 2쪽(또는 다진 마늘 1큰술),
레몬즙 2큰술(1/2개분), 소금 1작은술, 설탕 1작은술

1 캐슈넛은 물에 담가
2시간 불리거나 끓는 물에
넣고 5분간 삶는다.

2 믹서에 모든 재료를 넣고
곱게 간다.

tip 캐슈넛소스 활용하기

크림 파스타의 크림소스 대용으로 활용할 수 있다.
구운 채소의 딥핑소스 등 대부분 비건 메뉴에 잘 어울린다.

라구소스

4컵분 / 냉장 5일, 냉동 30일

양파 1/2개(100g), 당근 약 1/4개(50g), 셀러리 약 15cm(30g), 표고버섯 1개(또는 다른 버섯, 25g), 베이컨 2줄(42g), 소고기 양지 다짐육 200g(또는 다른 부위), 돼지고기 다짐육 100g, 통조림 토마토홀 400g, 소금 1작은술, 설탕 1큰술, 건오레가노 1작은술, 건바질 1/2작은술, 식용유 약간

1 양파, 당근, 셀러리, 표고버섯은 잘게 다지고, 베이컨은 얇게 채 썬다.

2 토마토홀은 볼에 넣어 손으로 대충 으깬다.

3 냄비에 식용유, 베이컨을 넣고 중간 불에서 1분간 볶은 후 소고기, 돼지고기를 넣고 5분간 볶는다.

4 ①의 다진 채소를 넣고 센 불에서 5분간 볶는다.

5 으깬 토마토홀, 소금, 설탕, 건오레가노, 건바질을 넣고 중간 불에서 40분간 저어가며 끓인다.

tip 라구소스 활용하기

또띠야 사이에 넣어 퀘사디야로, 핫도그빵이나 식빵에 발라 핫도그나 샌드위치로 즐길 수 있다. 팬에 볶아 수분을 날린 후 라비올리 필링으로도 사용할 수 있다.

고메파스타 재료 준비

토핑으로 많이 쓰는 크럼블 만들기 냉동 30일

브리오슈 겉 부분 2개분(또는 식빵 테두리), 터메릭파우더 1큰술(또는 카레가루),
파프리카파우더 1큰술(생략 가능), 엑스트라 버진 올리브유 2큰술, 소금 약간, 설탕 약간, 통후추 간 것 약간

1 오븐을 160℃로 예열한다.
브리오슈 겉 부분은
한입 크기로 썬다.
* 브리오슈는 부드러운
속 부분보다 양 끝의 딱딱한
부분이 구웠을 때 더 맛있다.

2 오븐 팬에 ①을 넣고
나머지 재료를 뿌린 후
160℃로 예열한 오븐에 넣어
18분간 굽는다.

3 완전히 식힌 후
믹서에 넣고 곱게 간다.

오징어 모양 살려 손질하기

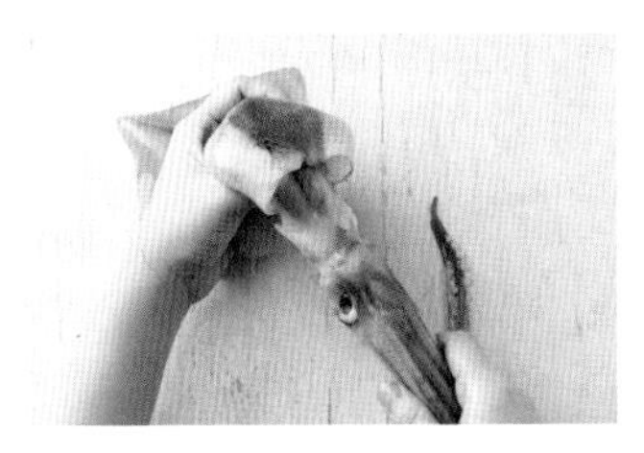

1 몸통에 손을 넣어
내장이 붙은 다리를
잡아당겨 떼어낸다.

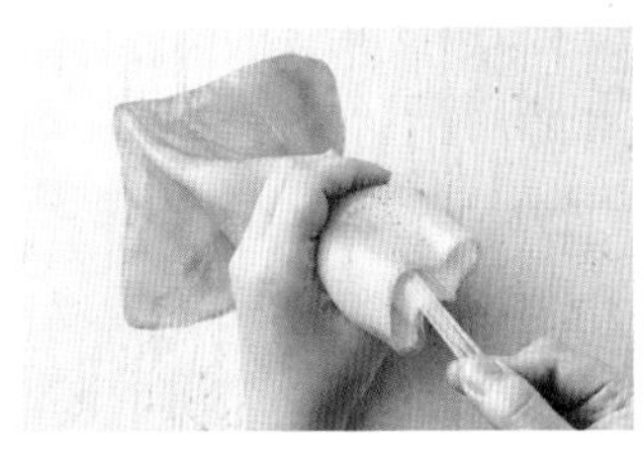

2 몸통 안쪽의 투명한 뼈를
제거한다.

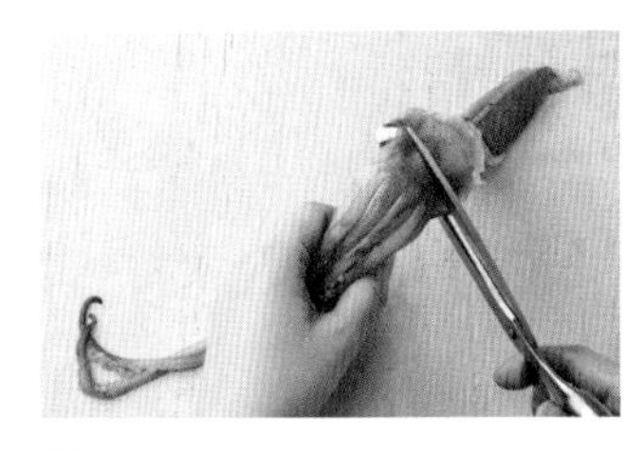

3 가위로 다리에 붙은 내장을
잘라내고, 손으로 입 주변을
꾹 눌러 튀어나온
입을 제거한다.

고메파스타 조리 비법

파스타 삶기

이 책에서는 익힌 면을 씹었을 때 가운데 심이 살짝 있는 정도인 '알덴테'를 기준으로
파스타 삶는 시간을 제시하는데, 취향에 따라 익히는 시간을 조절해도 좋습니다.

1 면이 충분히 잠길 정도로 크고 깊은 냄비에 1인분 기준 물 7컵(1.4ℓ), 꽃소금 1큰술(15g)을 넣는다.
* 맛을 봤을 때 약간 짜다고 느껴질 정도로 염도를 맞춘다.

2 센 불에서 끓어오르면 면을 펼쳐 넣는다.

3 면이 바닥에 들러붙지 않도록 저어가며 레시피 시간대로 삶는다.

4 체에 밭쳐 그대로 물기를 빼고 면수를 덜어둔다.
* 삶은 면은 물에 닿으면 불기 때문에 물에 헹구지 않는다.

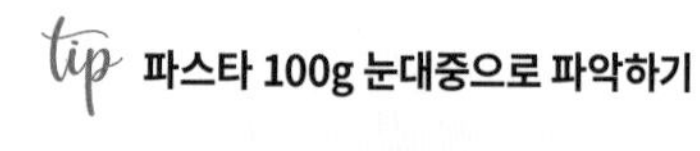

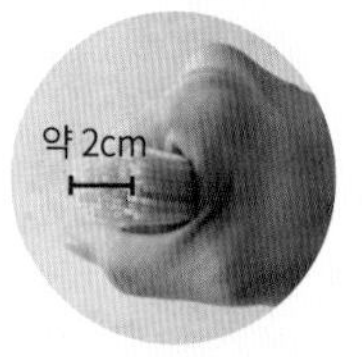

롱 파스타

숏 파스타

tip 면을 미리 삶아둘 때는 이렇게!

면을 바로 사용하지 않는 경우
제시된 조리 시간보다 2분 정도 덜 삶아
물기를 뺀 다음 넓은 트레이에 펼쳐
올리브유를 약간 뿌려서 충분히 식힌다.

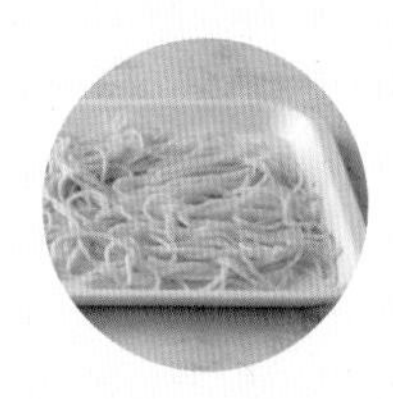

만테까레 하기

만테까레(mantecare)란 오일 파스타에서 물과 기름이 잘 섞이게 유화시켜 면에 코팅하는 작업을 말해요.
이렇게 하면 물과 기름이 분리되어 흘러내리지 않고, 입안에 넣었을 때 면에 코팅된 소스가 자연스럽게 퍼져 훨씬 맛이 좋아요.
팬을 빠르게 돌리는 것이 중요하므로 가벼운 알루미늄 팬을 사용하세요.

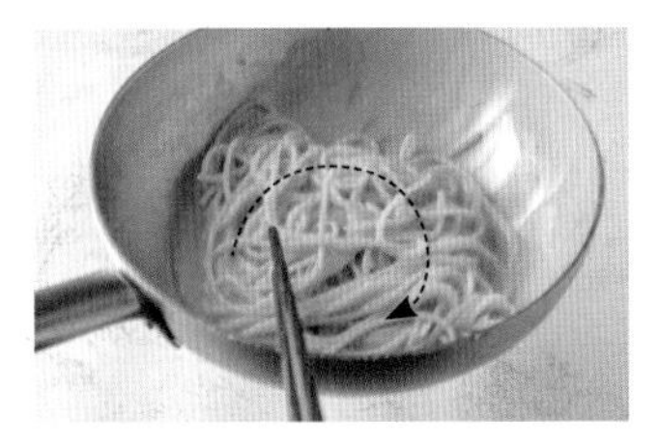

1 팬을 불에서 내린 후 튀김용 젓가락이나 긴 집게를 이용해 사진과 같이 원을 그리며 섞는다.
* 반드시 불에서 내린 후 작업해야 만테까레가 제대로 된다.

2 손목의 스냅을 이용해 사진과 같이 면을 돌리며 공기와 접촉되도록 뒤적인다.

3 오일이 면에 잘 흡수되고 꾸덕한 느낌이 될 때까지 ①, ②를 반복한다.

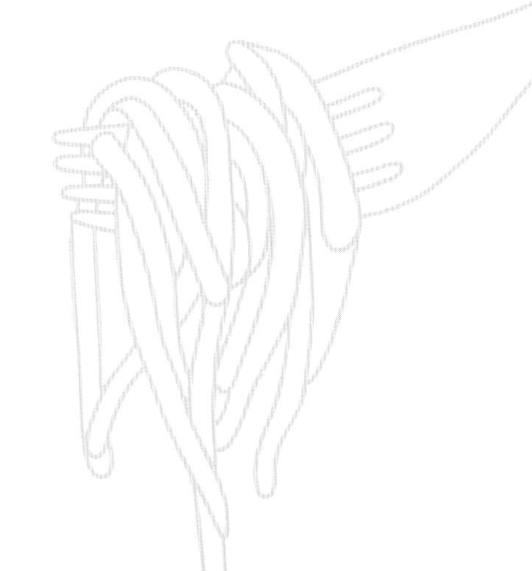

tip **영상으로 배우기**

QR코드를 찍어 레시피팩토리 독자 커뮤니티에 소개된 영상으로 만테까레 방법을 확인해보자.

나만의 고메파스타 만들기

고메파스타는 멀리 있지 않아요. 평소 좋아하는 재료를 조합해 나만의 파스타를 만들어보세요.
아래의 내용을 참고해 단계별로 따라 하면 쉽게 만들 수 있습니다.

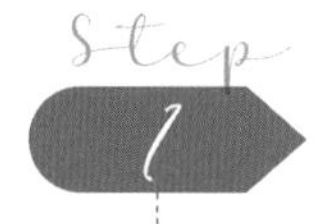

주재료를 정한다

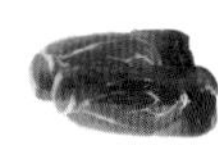

육류 및 육가공품 소고기, 양고기, 돼지고기, 닭고기, 오리고기, 소시지, 잠봉, 하몽, 초리조, 프로슈토, 베이컨 등

해산물 및 생선 꽃게, 랍스터, 새우, 바지락, 가리비, 굴, 오징어, 문어, 고등어, 삼치, 연어 등

채소 시금치, 케일, 열무, 고사리, 애호박, 주키니, 단호박, 땅콩호박, 당근, 파프리카, 가지, 브로콜리, 콜리플라워, 아보카도, 토마토, 양송이버섯, 느타리버섯 등

파스타를 정한다

롱 파스타
스파게티, 링귀네, 페투치네, 탈리아텔레 등

숏 파스타
펜네, 푸실리, 카사레치아, 오레키에테, 리가토니 등

어울리는 베이스 소스를 정한다

오일 베이스, 토마토 베이스, 생크림 베이스, 라구 베이스
로제(토마토소스 + 크림소스), 페스토 베이스, 치즈 베이스

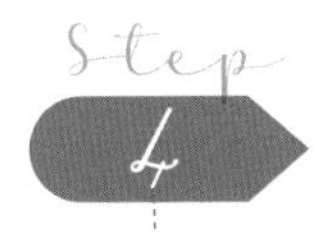

어울리는 부재료를 더한다(생략 가능)

채소 대파, 양파, 당근, 애호박, 가지, 단호박, 셀러리, 브로콜리, 피망, 파프리카, 방울토마토, 양송이버섯, 팽이버섯, 느타리버섯 등

치즈 모짜렐라, 체다, 부라타, 리코타, 고르곤졸라 등

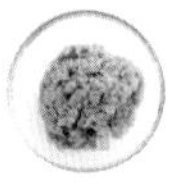

양념류 고추장, 된장, 미소된장, 간장, 액젓, 카레가루 등

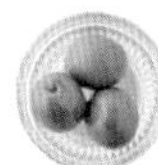

절임류 올리브, 선드라이드 토마토, 케이퍼, 앤초비, 아티초크 등

피니싱 재료를 더한다

기본 엑스트라 버진 올리브유, 버터, 통후추 간 것

곡류 및 견과류 통들깨, 잣, 호두, 아몬드, 피스타치오, 캐슈넛 등

치즈 그라나파다노, 파르미지아노 레지아노, 페코리노 등

허브 바질, 타임, 딜, 이탈리안 파슬리, 처빌, 펜넬, 세이지 등

기타 크럼블(만들기 33쪽), 베이컨칩, 파프리카파우더, 터메릭파우더 등

Simpl

e

Gourmet Pasta

심플 고메파스타

재료와 조리법이 간단할수록 맛 내기는 더욱 까다롭지요.
라면만큼 간단하지만 맛을 보면 깜짝 놀라는,
셰프의 노하우를 가득 담은 기본 파스타를 소개합니다.

알리오 올리오

Aglio e Olio

이탈리아어로 알리오는 마늘, 올리오는 기름이란 뜻으로, 알리오 올리오는 이름 그대로
마늘과 올리브유로 만드는 가장 기본적인 이탈리아 파스타예요. 우리나라에선 치즈를 더하기도 하는데,
오리지널 레시피는 치즈 없이 마늘과 올리브유로만 만듭니다.

[기본 재료 준비하기]

- 스파게티 100g
  (또는 링귀네)
- 채수 1/2컵(100mℓ)

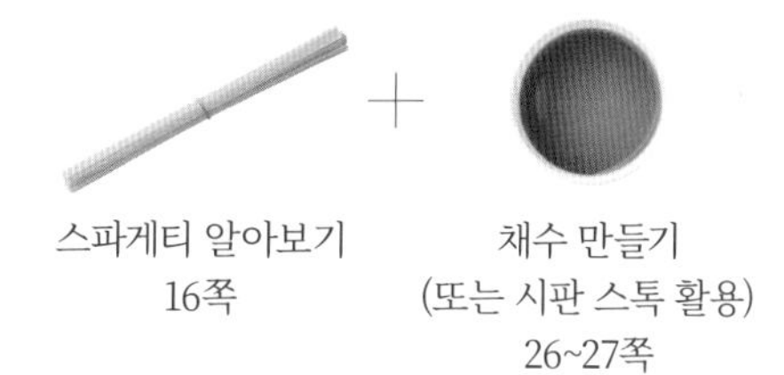

스파게티 알아보기
16쪽

채수 만들기
(또는 시판 스톡 활용)
26~27쪽

*

[만들기] 1인분 / 20~25분

추가 재료

- 마늘 5쪽(25g)
- 페페론치노 2개(또는 베트남고추)
- 이탈리안 파슬리 다진 것 1/2큰술
  (또는 셀러리 잎 다진 것)
- 엑스트라 버진 올리브유 2큰술
- 면수 1/2컵(100mℓ)

면 삶는 물

- 물 7컵(1.4ℓ)
- 꽃소금 약 1큰술(15g)

prep

1 냄비에 면 삶는 물 재료를 넣고 센 불에서 끓어오르면 스파게티를 넣어 7분간 삶은 후 면수 1/2컵(100mℓ)을 덜어둔다. 스파게티는 체에 밭쳐 물기를 뺀다.

2 마늘은 0.3cm 두께로 썬다.

cooking

3 달군 팬에 올리브유, 마늘을 넣어 중간 불에서 1분간 볶다가 페페론치노를 부숴 넣고 10초간 볶는다.

4 스파게티, 채수, 면수를 넣고 센 불에서 3~4분간 소스가 촉촉하게 남을 때까지 졸인 후 불을 끈다.

5 파슬리 다진 것을 넣고 튀김용 젓가락이나 긴 집게를 이용해 꾸덕한 느낌이 들 때까지 면을 돌리면서 공기와 접촉되도록 뒤적인 후 (자세한 방법 35쪽) 그릇에 담는다.

오일 파스타는 면에 맛을 내는 액체와 기름(올리브유, 버터)이 부드럽게 엉겨서 잘 붙어있는 것이 맛의 포인트예요. 수분과 기름이 적당히 남아있을 때 불을 끈 후 공기와의 접촉을 통해 액체와 기름이 유화되도록 해야 최상의 오일 파스타가 된답니다.

초리조 대파 오일 파스타

고추가 들어간 매콤한 반건조 소시지인 '초리조'와 대파를 넣어 만드는 오일 파스타예요.
매콤하고 쫄깃한 초리조와 달큰하면서 개운한 대파의 궁합이 아주 좋답니다.
초리조와 대파 흰 부분을 닭육수에 푹 익혀 부드럽게 만드는 것이 포인트예요.

[기본 재료 준비하기]

- 스파게티 100g
  (또는 링귀네)
- 닭육수 1/2컵(100mℓ)

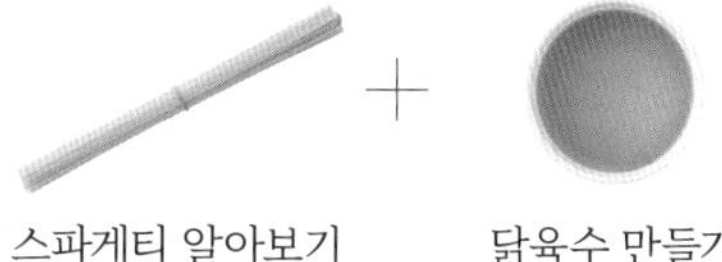

스파게티 알아보기
16쪽

닭육수 만들기
(또는 시판 스톡 활용)
28쪽

*

[만들기] 1인분 / 20~25분

추가 재료

- 초리조 5~6장(40g)
- 대파 흰 부분 1뿌리(60g)
- 마늘 2쪽(10g)
- 카놀라유 1큰술(또는 다른 식용유)
- 엑스트라 버진 올리브유 1큰술
- 버터 1/2큰술(5g)
- 면수 1/2컵(100mℓ)

면 삶는 물

- 물 7컵(1.4ℓ)
- 꽃소금 약 1큰술(15g)

1 냄비에 면 삶는 물 재료를 넣고 센 불에서 끓어오르면 스파게티를 넣어 7분간 삶은 후 면수 1/2컵(100mℓ)을 덜어둔다. 스파게티는 체에 밭쳐 물기를 뺀다.

2 대파는 6cm 길이로 썬 후 길게 4등분하고, 마늘은 0.3cm 두께로 썬다. 초리조는 얇게 채 썬다.
* 초리조는 두껍게 썰면 질길 수 있다.

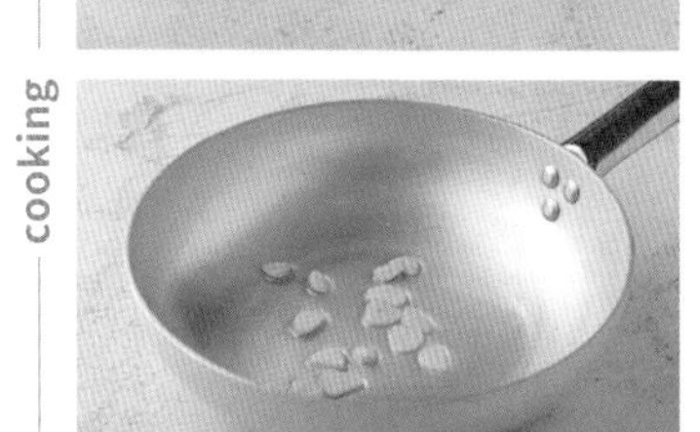

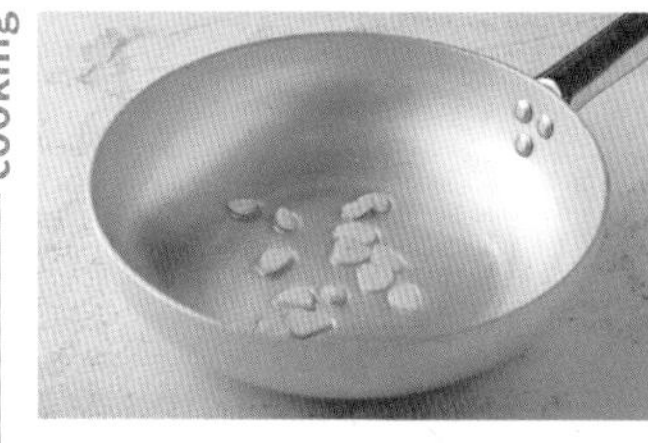

3 달군 팬에 카놀라유, 마늘을 넣고 중간 불에서 1분간 볶는다.

4 스파게티, 초리조, 대파, 버터, 닭육수, 면수를 넣고 중간 불에서 3~4분간 소스가 촉촉하게 남을 때까지 졸인 후 불을 끈다.

5 올리브유 1큰술을 넣고 튀김용 젓가락이나 긴 집게를 이용해 꾸덕한 느낌이 들 때까지 면을 돌리면서 공기와 접촉되도록 뒤적인 후 (자세한 방법 35쪽) 그릇에 담는다.

초리조는 쫄깃한 식감과 매콤한 맛이 특징이에요. 다른 햄이나 소시지로 대체할 경우 맛이 살지 않기 때문에 꼭 초리조를 사용하길 권합니다. 어울리지 않을 것 같은 봉골레 파스타에도 잘 어울릴 만큼, 초리조는 모든 파스타에 조금씩 넣으면 풍미와 식감을 올려준답니다. 유통기한도 길고 활용도도 높으니 구입해보세요.

앤초비 파스타

우리의 젓갈과 닮은 앤초비는 여러 가지 요리에 많이 활용되는데, 파스타에 넣으면 적당한 짠맛과 감칠맛을 낼 수 있어요. 앤초비 파스타에 좋아하는 채소나 고기, 해산물 등을 넣어 응용해도 좋아요.

[기본 재료 준비하기]

- 스파게티 100g
  (또는 링귀네)
- 채수 1/2컵(100mℓ)

스파게티 알아보기
16쪽

채수 만들기
(또는 시판 스톡 활용)
26~27쪽

*

[만들기] 1인분 / 15~20분

추가 재료

- 앤초비 3마리(9g)
- 다진 마늘 1/2큰술(5g)
- 페페론치노 3개(또는 베트남고추)
- 엑스트라 버진 올리브유 1큰술
- 버터 1/2큰술(5g)
- 면수 1/2컵(100mℓ)
- 이탈리안 파슬리 다진 것 1/2큰술
  (또는 셀러리 잎 다진 것)

면 삶는 물

- 물 7컵(1.4ℓ)
- 꽃소금 약 1큰술(15g)

prep

1 냄비에 면 삶는 물 재료를 넣고 센 불에서 끓어오르면 스파게티를 넣어 7분간 삶은 후 면수 1/2컵(100mℓ)을 덜어둔다. 스파게티는 체에 밭쳐 물기를 뺀다.

2 앤초비는 잘게 썬다.

cooking

3 팬에 올리브유, 다진 마늘을 넣고 중간 불에서 1분간 볶은 후 페페론치노 부순 것, 앤초비를 넣고 섞는다.

4 스파게티, 채수, 면수를 넣고 센 불에서 3~4분간 소스가 촉촉하게 남을 때까지 졸인 후 불을 끈다.

5 버터를 넣고 튀김용 젓가락이나 긴 집게를 이용해 꾸덕한 느낌이 들 때까지 면을 돌리면서 공기와 접촉되도록 뒤적인다 (자세한 방법 35쪽). 그릇에 담고 파슬리 다진 것을 뿌린다.

조금 더 고메스럽게 즐기고 싶다면 그릇에 담고 크럼블(33쪽)을 뿌려요.

버섯 파스타

갈색이 나도록 볶은 양파와 두 가지 버섯의 풍미가 잘 어우러지는 파스타예요.
여기에 버터와 그라나파다노치즈를 더해 더욱 진한 맛과 향을 느낄 수 있답니다.

[기본 재료 준비하기]

- 페투치네 100g
  (또는 탈리아텔레)
- 채수 1/2컵(100mℓ)

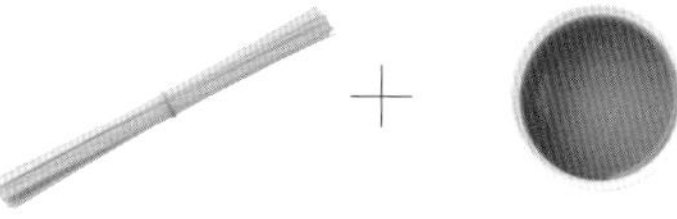

페투치네 알아보기
16쪽

채수 만들기
(또는 시판 스톡 활용)
26~27쪽

*

[만들기] 1인분 / 20~25분

추가 재료

- 양송이버섯 2개
  (또는 다른 버섯, 40g)
- 표고버섯 2개
  (또는 다른 버섯, 50g)
- 양파 1/4개(50g)
- 엑스트라 버진 올리브유 1큰술
- 버터 1큰술(10g)
- 면수 1/2컵(100mℓ)
- 그라나파다노치즈 간 것 1큰술
  (또는 파마산치즈가루, 8g)

면 삶는 물

- 물 7컵(1.4ℓ)
- 꽃소금 약 1큰술(15g)

prep

1 냄비에 면 삶는 물 재료를 넣고 센 불에서 끓어오르면 페투치네를 넣어 6분간 삶은 후 면수 1/2컵(100mℓ)을 덜어둔다. 페투치네는 체에 밭쳐 물기를 뺀다.

2 양송이버섯, 표고버섯은 0.2cm 두께로 얇게 채 썰고, 양파도 얇게 채 썬다.

cooking

3 팬에 올리브유, 양파를 넣고 중간 불에서 4~5분간 양파가 갈색이 될 때까지 볶는다.

4 양송이버섯, 표고버섯을 넣고 센 불에서 3~4분간 타지 않게 주의하며 볶는다.

5 페투치네, 버터, 채수, 면수를 넣고 센 불에서 2~3분간 소스가 촉촉하게 남을 때까지 졸인 후 불을 끈다. 그라나파다노치즈 간 것을 넣고 가볍게 섞은 후 그릇에 담는다.

재료의 풍미를 최대한 끌어내는 것이 포인트예요. 양파는 갈색이 될 때까지 볶고, 버섯은 얇게 썰어 양파와 함께 충분히 볶아서 향을 끌어내요. 조금 더 푸짐하게 즐기고 싶다면 불고기용 소고기나 차돌박이를 더해보세요.

뽀모도로

Pomo d'oro

뽀모도로는 이탈리아어로 토마토를 뜻해요. 말 그대로 토마토가 듬뿍 들어가는 토마토소스 파스타를 말하지요. 이탈리아 어느 식당에서나 볼 수 있는 기본 파스타 중 하나예요.

[기본 재료 준비하기]

- 스파게티 100g
  (또는 링귀네)
- 채수 1/2컵(100㎖)
- 토마토소스 1컵
  (또는 시판 토마토소스, 200㎖)

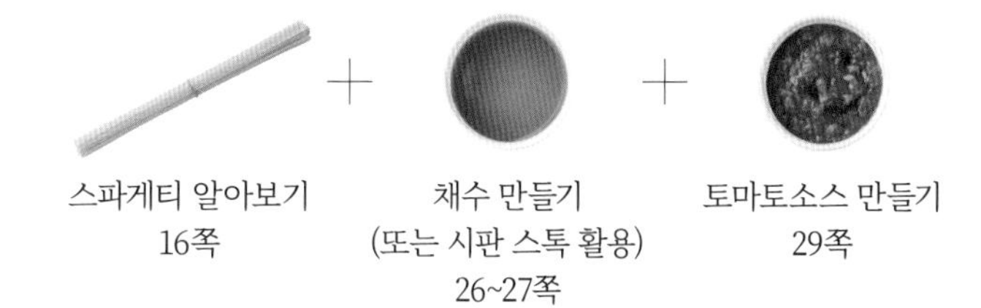

스파게티 알아보기
16쪽

채수 만들기
(또는 시판 스톡 활용)
26~27쪽

토마토소스 만들기
29쪽

*

[만들기] 1인분 / 15~20분

추가 재료

- 대추방울토마토 5개
  (또는 토마토 1/3개, 65g)
- 바질 3장
- 버터 1큰술(10g)
- 면수 1/2컵(100㎖)
- 그라나파다노치즈 간 것 1큰술
  (또는 파마산치즈가루, 8g)
- 엑스트라 버진 올리브유 1/2큰술

면 삶는 물

- 물 7컵(1.4ℓ)
- 꽃소금 약 1큰술(15g)

prep

1 냄비에 면 삶는 물 재료를 넣고 센 불에서 끓어오르면 스파게티를 넣어 7분간 삶은 후 면수 1/2컵(100㎖)을 덜어둔다. 스파게티는 체에 밭쳐 물기를 뺀다.

2 대추방울토마토는 반으로 썬다.

cooking

3 달군 팬에 스파게티, 대추방울토마토, 토마토소스, 버터, 채수, 면수를 넣고 센 불에서 3~4분간 소스가 사진과 같이 넉넉하게 남을 정도로 졸인다.

4 그릇에 담고 그라나파다노치즈 간 것, 올리브유를 뿌린 후 바질을 올린다.

Gourmet point

아주 잘 익은 말랑한 대추방울토마토를 넣는 게 좋아요. 수확한 지 얼마 안 된 토마토는 단단해서 오래 익혀도 물러지지 않고 즙이 적게 나오기 때문에 완숙토마토를 넣는 것이 맛의 포인트입니다. 만약 단단한 토마토를 사용한다면 과정 ③에서 우선 스파게티는 생략하고 채수의 양과 익히는 시간을 조금 더 늘려 토마토의 맛을 우려낸 후 면을 넣고 소스를 졸이세요.

까르보나라

Carbonara

오리지널 까르보나라는 생크림 없이 달걀노른자와 치즈로만 면을 버무려 만들어요.
우리가 즐겨 먹는 까르보나라의 맛은 한국식으로 변형된 것이지요. 이 책에서는 대중적인 입맛을 고려해
생크림이 들어간 한국식 까르보나라의 레시피를 소개해요.

[기본 재료 준비하기]

- 스파게티 100g
  (또는 링귀네)

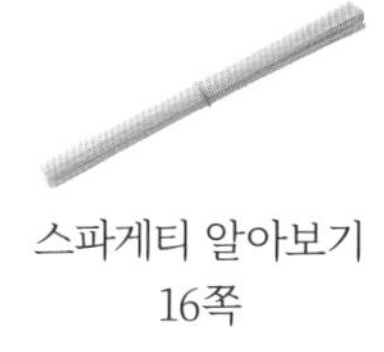

스파게티 알아보기
16쪽

*

[만들기] 1인분 / 20~25분

추가 재료

- 양송이버섯 2개
  (또는 다른 버섯, 40g)
- 베이컨 2줄(28g)
- 생크림 1컵(200㎖)
- 면수 1/2컵(100㎖)
- 달걀노른자 1개
- 그라나파다노치즈 간 것 1큰술
  (또는 파마산치즈가루, 8g)
- 통후추 20알

면 삶는 물

- 물 7컵(1.4ℓ)
- 꽃소금 약 1큰술(15g)

과정 ⑤에서 면수와 노른자, 치즈를
스파게티에 바로 넣으면 달걀노른자가
뭉치거나 익어버릴 수 있기 때문에
먼저 잘 섞어서 리에종(liaison, 농후제)을
만든 후 불을 끄고 면과 섞는 것이 좋아요.
통후추를 거칠게 부숴서 사용하면
후추 특유의 알싸한 매콤함이 잘 느껴져서
크림 파스타에 더 잘 어울려요.

prep

1 냄비에 면 삶는 물 재료를 넣고 센 불에서
끓어오르면 스파게티를 넣어 7분간
삶은 후 면수 1/2컵(100㎖)을 덜어둔다.
스파게티는 체에 밭쳐 물기를 뺀다.

2 양송이버섯을 0.4cm 두께로 썰고,
베이컨은 4cm 폭으로 썬다.

cooking

3 달군 팬에 베이컨을 넣고
중간 불에서 1분간 볶은 후
양송이버섯을 넣고 1분간 볶는다.

4 스파게티, 생크림을 넣고 센 불에서
3~4분간 소스가 사진과 같이 넉넉하게
남을 정도로 졸인 후 불을 끈다.

5 볼에 면수, 달걀노른자,
그라나파다노치즈 간 것을 섞은 후
④에 넣고 스파게티와 버무린다.
그릇에 담고 돌절구나 밀대로 통후추를
거칠게 부숴 까르보나라에 뿌린다.
* 기호에 따라 소금을 약간 더해도 된다.

레몬 리코타 파스타

크리미한 리코타치즈와 상큼한 레몬이 잘 어우러지는 파스타예요.
약간의 산미와 레몬향이 포크를 멈추지 않게 만드는 매력적인 맛이지요.

[기본 재료 준비하기]

- 페투치네 80g
  (또는 탈리아텔레)
- 채수 1/4컵(50㎖)

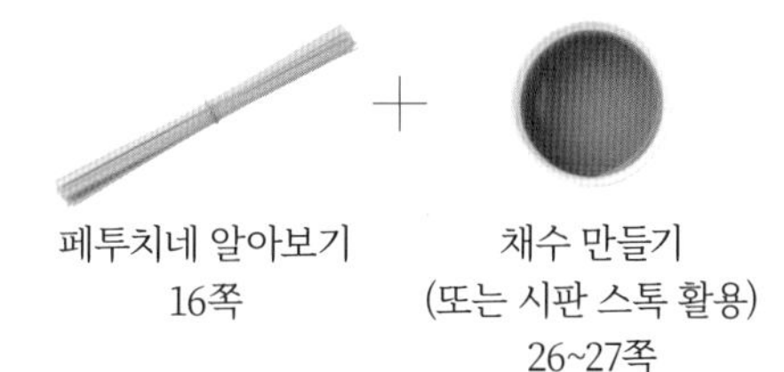

페투치네 알아보기
16쪽

채수 만들기
(또는 시판 스톡 활용)
26~27쪽

*

[만들기] 1인분 / 15~25분

추가 재료

- 레몬 1개(100g)
- 리코타치즈 5큰술
  (또는 크림치즈, 부라타치즈, 80g)
- 그라나파다노치즈 간 것 1큰술
  (또는 파마산치즈가루, 8g)
- 버터 1큰술(10g)
- 면수 1/4컵(50㎖)
- 엑스트라 버진 올리브유 1큰술
- 소금 약간
- 통후추 간 것 약간

면 삶는 물

- 물 7컵(1.4ℓ)
- 꽃소금 약 1큰술(15g)

prep

1 냄비에 면 삶는 물 재료를 넣고 센 불에서 끓어오르면 페투치네를 넣어 10분간 삶은 후 면수 1/4컵(50㎖)을 덜어둔다. 페투치네는 체에 밭쳐 물기를 뺀다.

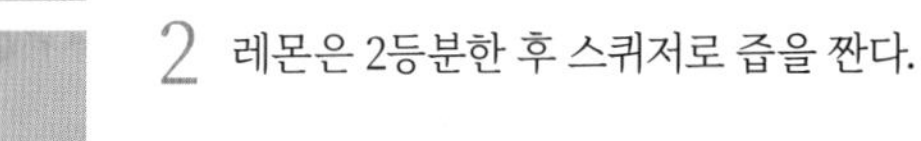

2 레몬은 2등분한 후 스퀴저로 즙을 짠다.

cooking

3 달군 팬에 레몬즙, 리코타치즈, 그라나파다노치즈 간 것, 버터, 채수, 면수를 넣고 중간 불에서 치즈가 녹을 때까지 데운 후 불을 끈다. 페투치네, 소금을 넣고 가볍게 섞는다.

4 그릇에 담고 올리브유, 통후추 간 것을 뿌린다.
* 레몬 제스트를 더하면 더 향긋하다.

Gourmet point

이 파스타는 뜨겁게 끓이는 것이 아니라 치즈가 살짝 녹는 정도로만 데운 후
면을 버무려 완성하는 파스타예요. 센 불에서 끓이면 분리될 수 있으니 주의해야 합니다.

카치오 에 페페 Cacio e pepe

이탈리아어로 카치오는 치즈, 페페는 후추란 뜻으로 카치오 에 페페는
이 두 가지로만 만드는 심플한 파스타예요. 처음엔 페코리노치즈의 쿰쿰함 때문에
어색할 수 있지만 빠져들면 계속 찾게 되는 중독성이 강한 맛이랍니다.

[기본 재료 준비하기]

- 스파게티 100g
  (또는 링귀네)
- 채수 1/2컵(100㎖)

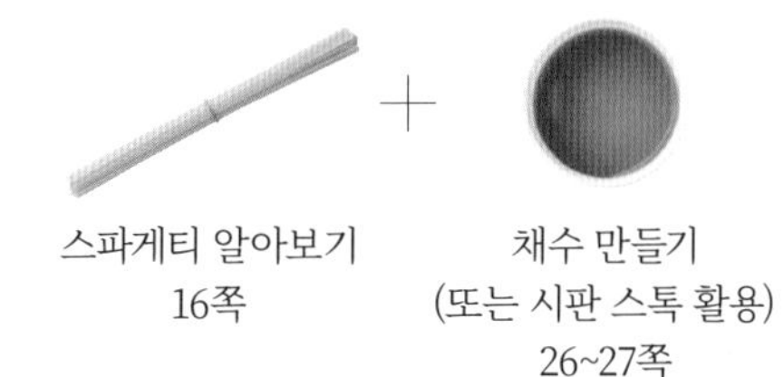

스파게티 알아보기
16쪽

채수 만들기
(또는 시판 스톡 활용)
26~27쪽

*

[만들기] 1인분 / 15~20분

추가 재료
- 페코리노치즈 60g
- 통후추 30알
- 면수 1/2컵(100㎖)

면 삶는 물
- 물 7컵(1.4ℓ)
- 꽃소금 약 1큰술(15g)

prep

1 냄비에 면 삶는 물 재료를 넣고 센 불에서 끓어오르면 스파게티를 넣어 7분간 삶은 후 면수 1/2컵(100㎖)을 덜어둔다. 스파게티는 체에 밭쳐 물기를 뺀다.

2 볼에 페코리노치즈를 그레이터로 곱게 갈아 담고 채수 2~3큰술을 넣어 잘 갠다.

cooking

3 달군 팬에 기름을 두르지 않고 통후추를 넣어 살짝 볶은 후 돌절구나 밀대로 거칠게 부순다.
* 통후추를 살짝 볶으면 향을 더 끌어낼 수 있는데, 번거롭다면 생략해도 괜찮다.

4 스파게티, 채수, 면수, 통후추 부순 것을 넣고 센 불에서 3~4분간 소스가 촉촉하게 남을 때까지 졸인 후 불을 끈다.

5 ②의 페코리노치즈 갠 것을 넣고 튀김용 젓가락이나 긴 집게를 이용해 꾸덕한 느낌이 들 때까지 면을 돌리면서 공기와 접촉되도록 뒤적인 후 (자세한 방법 35쪽) 그릇에 담는다.

페코리노치즈는 양젖으로 만드는 치즈로 그라나파다노치즈보다 좀 더 향이 진한 치즈예요. 카치오 에 페페는 페코리노치즈가 메인 재료이므로 다른 치즈로 대체할 수 없어요. 일반 마트에서는 구입하기 어렵고 온라인에서 구입할 수 있습니다.

갈릭 치즈 크림 파스타

별다른 부재료 없이 소스에 힘을 준 파스타예요. 닭육수와 그라나파다노치즈,
마늘을 사용해 깊고 진한 풍미의 소스 맛을 느낄 수 있답니다.

[기본 재료 준비하기]

- 펜네 80g
  (또는 다른 숏 파스타)
- 닭육수 1/2컵(100㎖)

펜네 알아보기
17쪽

+

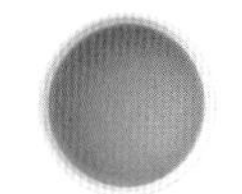

닭육수 만들기
(또는 시판 스톡 활용)
28쪽

*

[만들기] 1인분 / 20~25분

추가 재료

- 다진 마늘 1큰술(10g)
- 엑스트라 버진 올리브유 1큰술
- 생크림 1컵(200㎖)
- 그라나파다노치즈 간 것 3큰술
  (또는 파마산치즈가루, 다른 치즈, 24g)
- 이탈리안 파슬리 다진 것 1/2큰술
  (또는 셀러리 잎 다진 것)
- 소금 약간
- 통후추 간 것 약간

면 삶는 물

- 물 7컵(1.4ℓ)
- 꽃소금 약 1큰술(15g)

prep

1 냄비에 면 삶는 물 재료를 넣고
센 불에서 끓어오르면 펜네를 넣어
10분간 삶은 후 체에 밭쳐 물기를 뺀다.

cooking

2 달군 팬에 올리브유, 다진 마늘을 넣고
중간 불에서 1분간 볶는다.
* 이때 마늘이 타면 소스의 색이
진해지므로 타지 않도록 주의한다.

3 펜네, 생크림, 닭육수를 넣고
센 불에서 3~4분간 소스가 사진과 같이
넉넉하게 남을 정도로 졸인 후 불을 끈다.

4 그라나파다노치즈 간 것,
파슬리 다진 것, 소금, 통후추 간 것을
넣고 섞은 후 그릇에 담는다.

Gourmet point

소스의 풍미를 위해 그라나파다노치즈를 넉넉히 넣는 것이 포인트예요.
크림치즈, 페코리노, 고르곤졸라 등 다양한 치즈를 활용해도 좋아요.

제노베제

Genovese

제노베제는 이탈리아 제노바에서 유래한 파스타로 'simple is the best'가 가장 잘 어울리는,
바질페스토에 버무린 파스타에요. 우리나라 사람들은 파스타에 다양한 재료를 넣는 것을 좋아하는데,
이탈리아에서는 심플한 파스타를 주로 먹어요. 페스토만 있으면 언제든 뚝딱 만들 수 있답니다.

[기본 재료 준비하기]

- 스파게티 100g
  (또는 링귀네)
- 바질페스토 3큰술

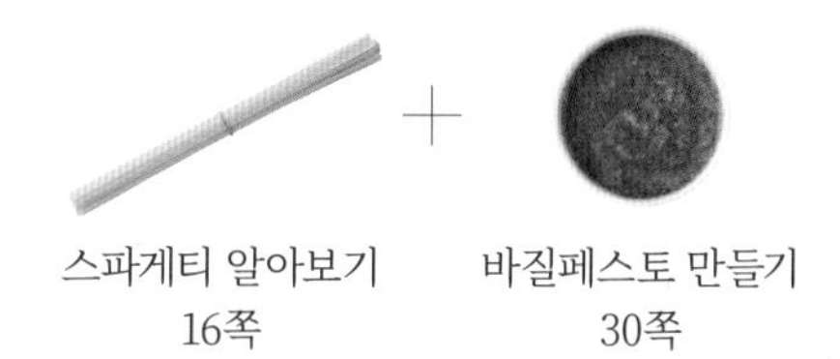

스파게티 알아보기
16쪽

바질페스토 만들기
30쪽

*

[만들기] 1인분 / 15~20분

추가 재료

- 그라나파다노치즈 간 것 1큰술
  (또는 파마산치즈가루, 8g)
- 면수 1/4컵(50㎖)

면 삶는 물

- 물 7컵(1.4ℓ)
- 꽃소금 약 1큰술(15g)

1 냄비에 면 삶는 물 재료를 넣고 센 불에서 끓어오르면 스파게티를 넣어 9분간 삶은 후 면수 1/4컵(50㎖)을 덜어둔다. 스파게티는 체에 밭쳐 물기를 뺀다.

cooking

2 볼에 스파게티, 바질페스토, 그라나파다노치즈 간 것, 면수를 넣고 버무려 그릇에 담는다.
* 이때 면수가 짜다면 그냥 먹어도 짜지 않을 정도로 생수를 섞은 후 넣는다.

Gourmet point

페스토와 치즈로 버무리는 파스타의 경우는 자칫 뻑뻑해지기 쉬워요. 이때 면수를 넣으면 농도와 부족한 간을 맞출 수 있습니다. 제노베제에 그린빈스나 감자채를 익혀서 같이 넣어도 별미랍니다.

Chapter 2

Tasty

Gourmet pasta

테이스티 고메파스타

고기, 해산물, 과일, 치즈 등의 다양한 재료와 조리법으로 풍성하게 맛을 낸,
남녀노소 좋아할 만한 파스타예요. 특별한 요리가 필요한 날 또는 손님 초대 요리로 제격이랍니다.

스파이시 치킨 파스타

기본 토마토소스 파스타에 매콤하게 마리네이드한 닭다리살을 올려
더 든든하고 풍성하게 즐길 수 있어요. 닭다리살 대신 다른 부위를 사용해도 좋답니다.

[기본 재료 준비하기]

- 스파게티 80g
  (또는 링귀네)
- 채수 1/2컵(100mℓ)
- 토마토소스 1/2컵
  (또는 시판 토마토소스, 100mℓ)

스파게티 알아보기 16쪽 + 채수 만들기 (또는 시판 스톡 활용) 26~27쪽 + 토마토소스 만들기 29쪽

*

[만들기] 1인분 / 25~30분

추가 재료
- 닭다리살 1쪽(또는 다른 부위, 90g)
- 대추방울토마토 3개
  (또는 토마토 1/4개, 50g)
- 카놀라유 1큰술(또는 다른 식용유)
- 버터 1큰술(10g)
- 슈레드 모짜렐라치즈 1/4컵(25g)
- 면수 1/2컵(100mℓ)
- 이탈리안 파슬리 다진 것 약간
  (또는 셀러리 잎 다진 것)

마리네이드
- 페페론치노 부순 것 2개
  (또는 베트남고추)
- 스리라차소스 1큰술
- 소금 약간
- 통후추 간 것 약간

면 삶는 물
- 물 7컵(1.4ℓ)
- 꽃소금 약 1큰술(15g)

prep

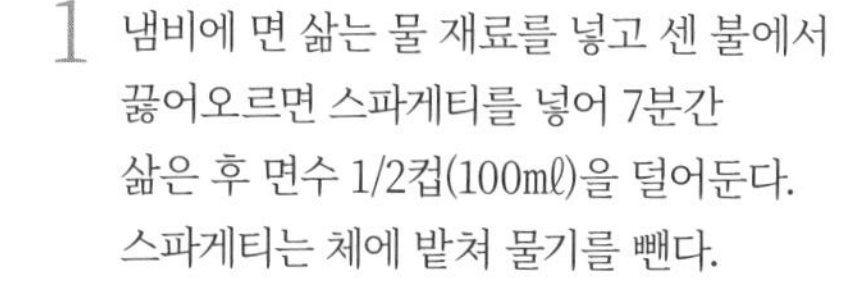

1 냄비에 면 삶는 물 재료를 넣고 센 불에서 끓어오르면 스파게티를 넣어 7분간 삶은 후 면수 1/2컵(100mℓ)을 덜어둔다. 스파게티는 체에 밭쳐 물기를 뺀다.

2 닭다리살은 사선으로 5~6번 칼집을 넣은 후 마리네이드 재료를 넣고 버무린다. 대추방울토마토는 2등분한다.

cooking

3 달군 팬에 카놀라유, 닭다리살을 넣고 중약 불에서 6~7분간 뒤집어가며 노릇하게 굽는다.
* 페페론치노가 타지 않게 주의한다.

4 다른 팬을 달궈 스파게티, 대추방울토마토, 토마토소스, 채수, 면수를 넣고 센 불에서 3~4분간 소스가 촉촉하게 남을 때까지 졸인다.

5 버터, 슈레드 모짜렐라치즈를 넣고 가볍게 섞은 후 그릇에 담고 닭다리살 썬 것, 파슬리 다진 것을 올린다.

닭가슴살 로제 파스타

생크림이 들어가는 파스타에는 닭가슴살을 더하면 담백하게 즐길 수 있어요.
시금치는 질겨지지 않게 불을 끄고 가볍게 섞어주세요.

[기본 재료 준비하기]

- 페투치네 100g
  (또는 탈리아텔레)
- 토마토소스 1/2컵
  (또는 시판 토마토소스, 100mℓ)

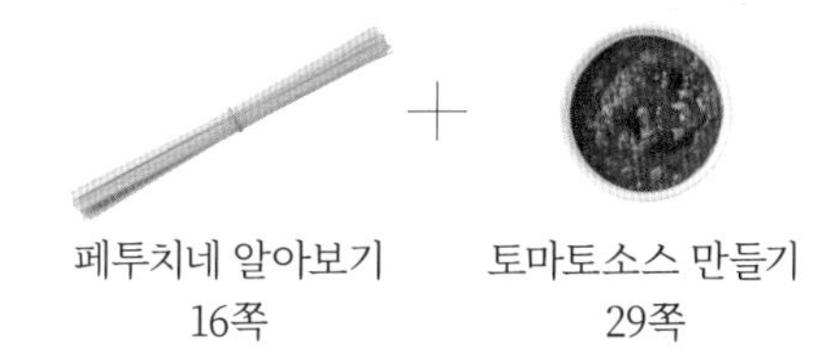

페투치네 알아보기
16쪽

토마토소스 만들기
29쪽

*

[만들기] 1인분 / 20~25분

추가 재료

- 닭가슴살 1쪽
  (또는 다른 부위, 100g)
- 시금치 1줌(또는 열무, 케일, 50g)
- 대추방울토마토 3개
  (또는 토마토 1/4개, 50g)
- 마늘 2쪽(10g)
- 카놀라유 1큰술(또는 다른 식용유)
- 생크림 1/2컵(100mℓ)
- 면수 1/2컵(100mℓ)
- 소금 약간
- 통후추 간 것 약간

면 삶는 물

- 물 7컵(1.4ℓ)
- 꽃소금 약 1큰술(15g)

prep

1 냄비에 면 삶는 물 재료를 넣고 센 불에서 끓어오르면 페투치네를 넣어 6분간 삶은 후 면수 1/2컵(100mℓ)을 덜어둔다. 페투치네는 체에 밭쳐 물기를 뺀다.

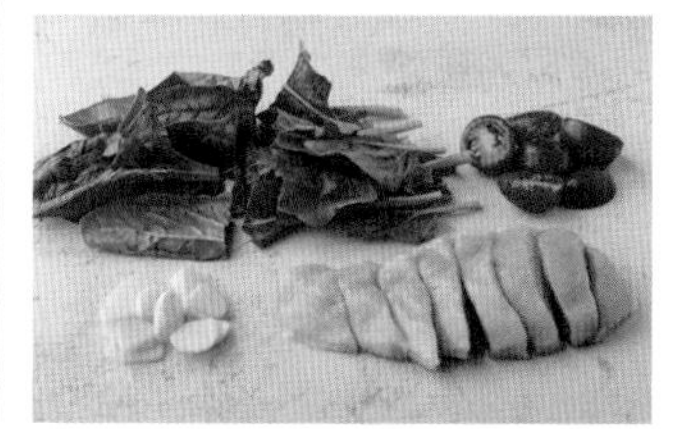

2 시금치, 대추방울토마토는 2등분하고, 마늘은 얇게 썬다. 닭가슴살은 1cm 두께로 썬다.

cooking

3 달군 팬에 카놀라유, 마늘을 넣고 중간 불에서 30초간 볶은 후 대추방울토마토, 닭가슴살, 소금, 통후추 간 것을 넣고 센 불에서 2분간 굽는다.

4 페투치네, 생크림, 토마토소스, 면수를 넣고 센 불에서 2~3분간 소스가 사진과 같이 넉넉하게 남을 정도로 졸인 후 불을 끈다.

5 시금치를 넣고 가볍게 섞은 후 그릇에 담는다.

라구 파스타

라구소스는 이탈리아 볼로냐 지방에서 유래한 소스로, 다진 고기를 이용해 만들어요.
라구소스를 미리 만들어두면 파스타만 삶아 간편하게 진한 맛의 라구 파스타를 즐길 수 있답니다.

[기본 재료 준비하기]

- 탈리아텔레 100g
  (또는 페투치네)
- 닭육수 1/2컵(100mℓ)
- 라구소스 1컵(200mℓ)

탈리아텔레 알아보기
16쪽

+

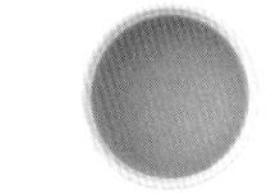

닭육수 만들기
(또는 시판 스톡 활용)
28쪽

+

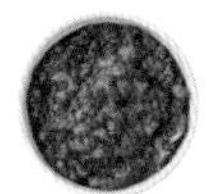

라구소스 만들기
32쪽

*

[만들기] 1인분 / 15~20분

추가 재료

- 버터 1큰술(10g)
- 면수 1/2컵(100mℓ)
- 그라나파다노치즈 간 것 1큰술
  (또는 파마산치즈가루, 8g)
- 이탈리안 파슬리 다진 것 1/2큰술
  (또는 셀러리 잎 다진 것)
- 엑스트라 버진 올리브유 1/2큰술

면 삶는 물

- 물 7컵(1.4ℓ)
- 꽃소금 약 1큰술(15g)

prep

1 냄비에 면 삶는 물 재료를 넣고 센 불에서 끓어오르면 탈리아텔레를 넣어 6분간 삶은 후 면수 1/2컵(100mℓ)을 덜어둔다. 탈리아텔레는 체에 밭쳐 물기를 뺀다.

cooking

2 달군 팬에 탈리아텔레, 라구소스, 버터, 닭육수, 면수를 넣고 센 불에서 3~4분간 소스가 촉촉하게 남을 때까지 졸인다.

3 그릇에 담고 그라나파다노치즈 간 것, 파슬리 다진 것을 올린 후 올리브유를 뿌린다.

라구 로제 리가토니

라구 파스타와 달리 생크림을 넣어 더 부드러운 맛을 느낄 수 있어요.
리가토니는 다른 파스타에 비해 덜 불기 때문에 천천히 와인을 마시며 식사할 때 특히 좋답니다.

[기본 재료 준비하기]

- 리가토니 80g
  (또는 다른 숏 파스타)
- 닭육수 1/2컵(100㎖)
- 라구소스 1컵(200㎖)

리가토니 알아보기
17쪽

+

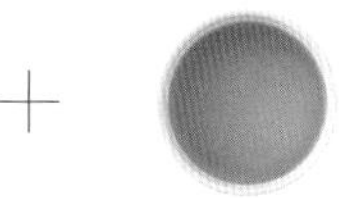

닭육수 만들기
(또는 시판 스톡 활용)
28쪽

+

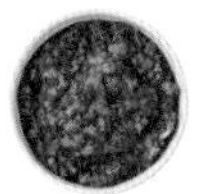

라구소스 만들기
32쪽

*

[만들기] 1인분 / 20~25분

추가 재료

- 생크림 1/2컵(100㎖)
- 버터 1/2큰술(5g)
- 면수 1/2컵(100㎖)
- 그라나파다노치즈 간 것 1큰술
  (또는 파마산치즈가루, 8g)
- 소금 약간
- 통후추 간 것 약간

면 삶는 물

- 물 7컵(1.4ℓ)
- 꽃소금 약 1큰술(15g)

prep

1 냄비에 면 삶는 물 재료를 넣고 센 불에서 끓어오르면 리가토니를 넣어 9분간 삶은 후 면수 1/2컵(100㎖)을 덜어둔다. 리가토니는 체에 밭쳐 물기를 뺀다.

cooking

2 달군 팬에 리가토니, 라구소스, 생크림, 버터, 닭육수, 면수를 넣고 센 불에서 3~4분간 소스가 촉촉하게 남을 때까지 졸인 후 간을 보고 소금을 넣는다.

3 그릇에 담고 그라나파다노치즈 간 것, 통후추 간 것을 뿌린다.

미트볼 크림 파스타

미트볼을 더해 든든하게 즐길 수 있는 파스타입니다. 크림 소스로 소개하지만
같은 양의 토마토소스로 만들어도 되니 취향에 맞게 선택하세요.

[기본 재료 준비하기]

- 스파게티 90g
  (또는 링귀네)

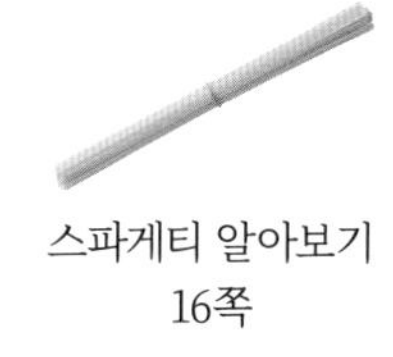

스파게티 알아보기
16쪽

*

[만들기] 1인분 / 25~30분

추가 재료

- 생크림 1/2컵(100㎖)
- 카놀라유 1큰술(또는 다른 식용유)
- 면수 1/2컵(100㎖)
- 그라나파다노치즈 간 것 2큰술
  (또는 파마산치즈가루, 16g)
- 이탈리안 파슬리 다진 것 1큰술
  (또는 셀러리 잎 다진 것)
- 소금 약간
- 통후추 간 것 약간

미트볼

- 소고기 다짐육 150g
- 빵가루 2큰술
- 그라나파다노치즈 간 것 1큰술
  (또는 파마산치즈가루, 8g)
- 다진 마늘 1작은술
- 양조간장 1작은술
- 소금 약간
- 통후추 간 것 약간

면 삶는 물

- 물 7컵(1.4ℓ)
- 꽃소금 약 1큰술(15g)

prep

1 냄비에 면 삶는 물 재료를 넣고 센 불에서 끓어오르면 스파게티를 넣어 7분간 삶은 후 면수 1/2컵(100㎖)을 덜어둔다. 스파게티는 체에 밭쳐 물기를 뺀다.

2 볼에 미트볼 재료를 넣고 4~5분간 치댄 후 한입 크기로 동그랗게 미트볼을 만든다.

cooking

3 달군 팬에 카놀라유를 두른 후 미트볼을 넣어 중간 불에서 2~3분간 굴려가며 겉면을 익힌다.

4 ③의 팬에 스파게티, 생크림, 면수를 넣고 센 불에서 3~4분간 소스가 촉촉하게 남을 때까지 졸인 후 불을 끈다.

5 소금, 그라나파다노치즈 간 것을 넣고 섞은 후 그릇에 담고 통후추 간 것, 파슬리 다진 것을 뿌린다.

미트볼을 따로 오븐에 구워서 올려도 되지만, 팬에서 겉면만 먼저 익힌 후 소스와 함께 익히면 속까지 좀 더 빠르게 익고 더 촉촉한 미트볼을 만들 수 있어요.

햄 펜네 아라비아따

이탈리아어로 아라비아따(Arrabbiata)는 '화가 난' 이라는 뜻으로,
토마토 베이스의 매콤한 파스타를 말해요. 생햄은 칼로 써는 것보다 손으로 툭툭
찢어서 넣는 것이 더 멋스러워요.

[기본 재료 준비하기]

- 펜네 80g
  (또는 다른 숏 파스타)
- 채수 1/2컵(100㎖)
- 토마토소스 1컵
  (또는 시판 토마토소스, 200㎖)

펜네 알아보기
17쪽

\+

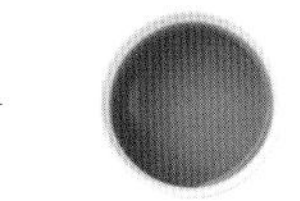

채수 만들기
(또는 시판 스톡 활용)
26~27쪽

\+

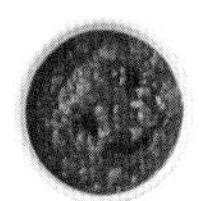

토마토소스 만들기
29쪽

*

[만들기] 1인분 / 20~25분

추가 재료

- 생햄 2장
  (프로슈토, 잠봉 등 40g)
- 양송이버섯 2개
  (또는 다른 버섯, 40g)
- 마늘 2쪽(10g)
- 페페론치노 3개
  (또는 베트남고추)
- 엑스트라 버진 올리브유 1큰술
- 버터 1큰술(10g)
- 면수 1/2컵(100㎖)
- 통후추 간 것 약간

면 삶는 물

- 물 7컵(1.4ℓ)
- 꽃소금 약 1큰술(15g)

prep

1 냄비에 면 삶는 물 재료를 넣고
센 불에서 끓어오르면 펜네를 넣어 7분간
삶은 후 면수 1/2컵(100㎖)을 덜어둔다.
펜네는 체에 밭쳐 물기를 뺀다.

2 양송이버섯, 마늘은
각각 0.3cm 두께로 썬다.

cooking

3 달군 팬에 올리브유, 마늘을 넣고
중간 불에서 1분간 볶은 후
잘게 부순 페페론치노, 양송이버섯을
넣고 1분간 볶는다.

4 펜네, 토마토소스, 채수, 면수를 넣고
센 불에서 3~4분간 소스가 촉촉하게
남을 때까지 졸인다.

5 불을 끄고 버터, 생햄을 찢어 넣은 후
가볍게 섞어 그릇에 담는다.
통후추 간 것을 뿌린다.

나폴리탄 스파게티

나폴리탄 스파게티는 토마토케첩으로 맛을 내는 일본식 파스타예요. 보통 소시지와 피망, 양송이버섯 등 채소를 넣어 만든답니다. 아이들이 특히 좋아해요.

[기본 재료 준비하기]

- 스파게티 70g
  (또는 링귀네)
- 채수 1컵(200㎖)

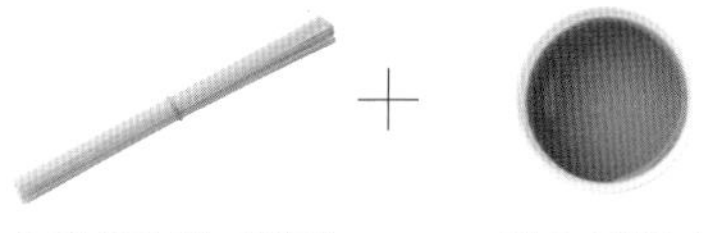

스파게티 알아보기
16쪽

채수 만들기
(또는 시판 스톡 활용)
26~27쪽

*

[만들기] 1인분 / 15~20분

추가 재료

- 비엔나소시지 3개
  (또는 다른 소시지, 60g)
- 양송이버섯 2개
  (또는 다른 버섯, 40g)
- 양파 1/6개(30g)
- 피망 1/4개(30g)
- 마늘 2쪽(10g)
- 카놀라유 2큰술
  (또는 다른 식용유)
- 굴소스 1/2큰술(약 7g)
- 토마토케첩 1큰술(10g)
- 그라나파다노치즈 간 것 1큰술
  (또는 파마산치즈가루, 8g)
- 통후추 간 것 약간

면 삶는 물

- 물 7컵(1.4ℓ)
- 꽃소금 약 1큰술(15g)

prep

1 냄비에 면 삶는 물 재료를 넣고
센 불에서 끓어오르면 스파게티를 넣어
8분간 삶은 후 체에 밭쳐 물기를 뺀다.

2 양송이버섯, 양파, 피망, 마늘은
0.5cm 두께로 썰고,
소시지는 먹기 좋은 크기로 썬다.

cooking

3 달군 팬에 카놀라유, 마늘을 넣고
중간 불에서 30초간 볶은 후 양파, 피망,
양송이버섯을 넣고 1분간 볶는다.

4 소시지, 굴소스, 토마토케첩을 넣고
중간 불에서 1분간 볶는다.

5 스파게티, 채수를 넣고 센 불에서
2~3분간 소스가 촉촉하게 남을 때까지
졸인다. 그릇에 담고 그라나파다노치즈
간 것, 통후추 간 것을 뿌린다.

봉골레

Vongole

봉골레는 이탈리아어로 조개를 의미해요.
요리사들 사이에선 봉골레를 잘 만들면 파스타 좀 한다는 이야기를 자주 한답니다.
바지락의 감칠맛이 오일과 섞여 파스타에 잘 배게 하는 게 가장 중요해요.

[기본 재료 준비하기]

- 링귀네 100g
  (또는 스파게티)
- 채수 1/2컵(100㎖)

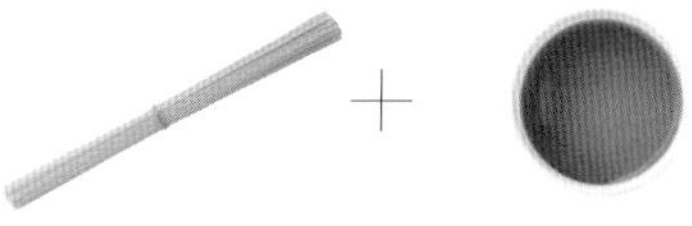

링귀네 알아보기
16쪽

채수 만들기
(또는 시판 스톡 활용)
26~27쪽

*

[만들기] 1인분 / 20~25분

추가 재료

- 해감 바지락 2컵(400g)
- 마늘 3쪽(15g)
- 페페론치노 3개(또는 베트남고추)
- 화이트와인 2큰술
- 엑스트라 버진 올리브유 2큰술
- 버터 1큰술(10g)
- 면수 1/2컵(100㎖)
- 이탈리안 파슬리 다진 것 1/2큰술
  (또는 셀러리 잎 다진 것)
- 통후추 간 것 약간

면 삶는 물

- 물 7컵(1.4ℓ)
- 꽃소금 약 1큰술(15g)

prep

1 냄비에 면 삶는 물 재료를 넣고 센 불에서 끓어오르면 링귀네를 넣어 7분간 삶은 후 면수 1/2컵(100㎖)을 덜어둔다. 링귀네는 체에 밭쳐 물기를 뺀다.

2 마늘은 0.3cm 두께로 썬다.

cooking

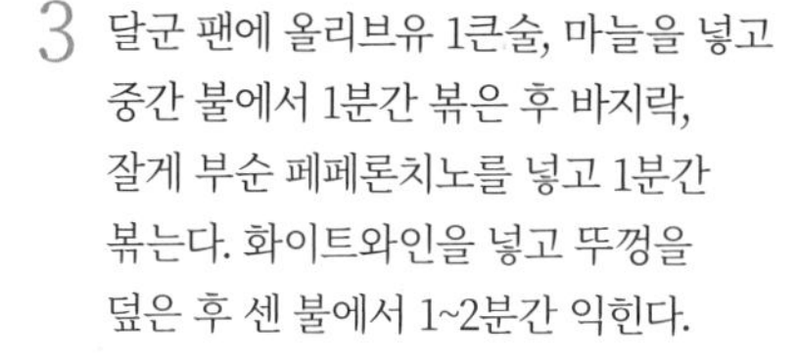

3 달군 팬에 올리브유 1큰술, 마늘을 넣고 중간 불에서 1분간 볶은 후 바지락, 잘게 부순 페페론치노를 넣고 1분간 볶는다. 화이트와인을 넣고 뚜껑을 덮은 후 센 불에서 1~2분간 익힌다.

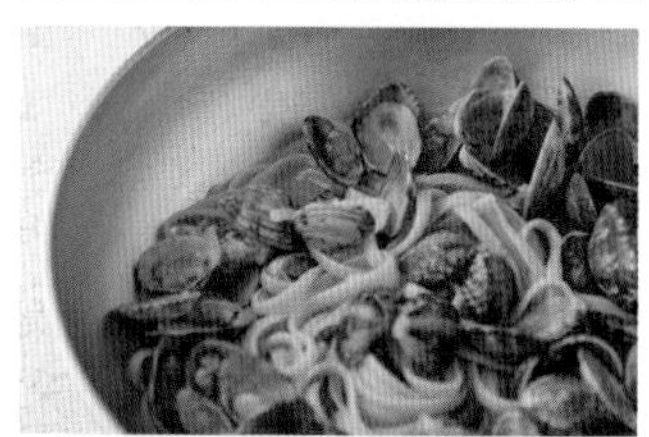

4 링귀네, 버터, 채수, 면수를 넣고 센 불에서 3~4분간 소스가 촉촉하게 남을 때까지 졸인 후 불을 끈다.
* 채수를 먼저 넣고 간을 본 후 짜다면 면수를 줄인다. 싱겁다면 소금을 더한다.

5 올리브유 1큰술을 넣고 튀김용 젓가락이나 긴 집게를 이용해 꾸덕한 느낌이 들 때까지 면을 돌리면서 공기와 접촉되도록 뒤적인다(자세한 방법 35쪽). 그릇에 담고 파슬리 다진 것, 통후추 간 것을 뿌린다.

봉골레는 너무 오래 익히거나 팬을 많이 돌리면 조갯살이 질겨지거나 조개끼리 부딪혀 껍데기가 깨질 수도 있으니 주의해요. 해감 바지락은 염도가 제각각이기 때문에 간을 보면서 면수의 양을 조절하는 게 좋아요. 마지막에 버터를 좀 더 추가하고, 초리조를 얇게 썰어서 넣으면 감칠맛이 훨씬 좋아요.

오징어 토마토 파스타

싱싱한 오징어와 토마토소스, 버터와 치즈의 감칠맛이 폭발하는 파스타예요.
냉동 오징어보다는 생물 오징어로 만드는 게 훨씬 맛이 좋답니다.

[기본 재료 준비하기]

- 스파게티 100g
  (또는 링귀네)
- 토마토소스 1컵
  (또는 시판 토마토소스, 200mℓ)

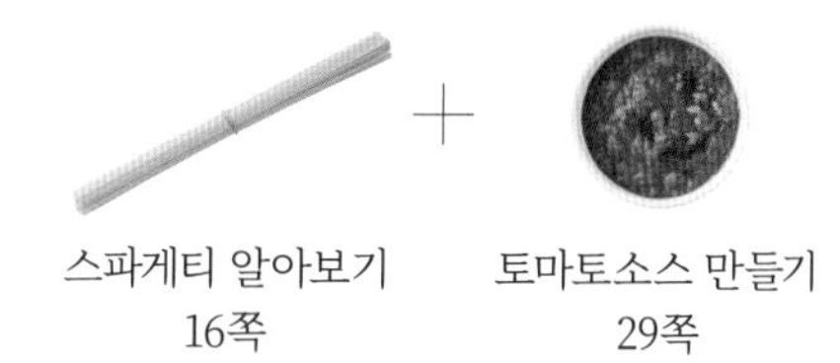

스파게티 알아보기
16쪽

토마토소스 만들기
29쪽

*

[만들기] 1인분 / 20~25분

추가 재료

- 손질 오징어 1/2마리
  (몸통 가르지 않고 손질한 것, 120g)
- 대추방울토마토 3개
  (또는 토마토 1/4개, 50g)
- 마늘 2쪽(10g)
- 면수 1/2컵(100mℓ)
- 엑스트라 버진 올리브유 1큰술
- 버터 1큰술(10g)
- 그라나파다노치즈 간 것 1큰술
  (또는 파마산치즈가루, 8g)
- 바질 5~6장

면 삶는 물

- 물 7컵(1.4ℓ)
- 꽃소금 약 1큰술(15g)

prep

1 냄비에 면 삶는 물 재료를 넣고 센 불에서 끓어오르면 스파게티를 넣어 8분간 삶은 후 면수 1/2컵(100mℓ)을 덜어둔다. 스파게티는 체에 밭쳐 물기를 뺀다.

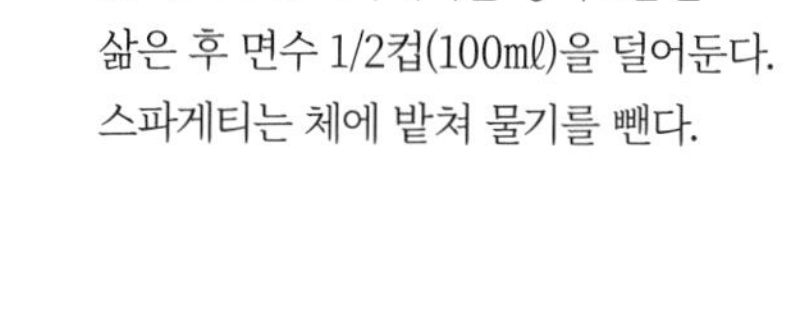

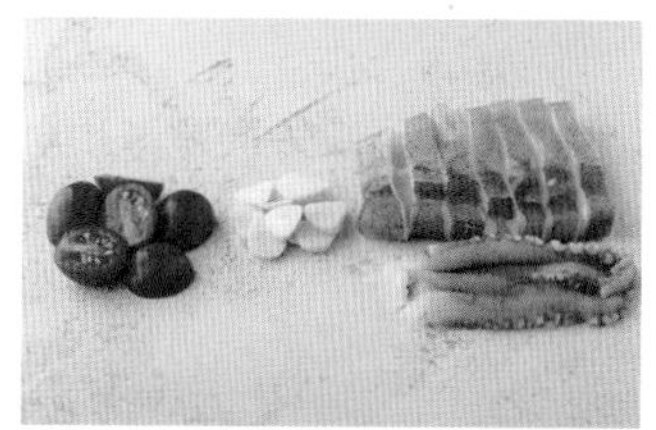

2 대추방울토마토는 2등분하고, 마늘은 얇게 썬다. 오징어 몸통은 1cm 두께로 썰고, 다리는 6cm 길이로 썬다 (오징어 손질 33쪽 참고).

cooking

3 달군 팬에 올리브유, 마늘을 넣고 중간 불에서 30초간 볶은 후 오징어, 대추방울토마토를 넣고 1분간 볶는다.
* 오징어는 오래 익히면 질겨질 수 있으니 주의한다.

4 스파게티, 토마토소스, 면수를 넣고 센 불에서 3~4분간 소스가 촉촉하게 남을 때까지 졸인 후 불을 끈다.

5 버터, 그라나파다노치즈 간 것을 넣고 가볍게 섞어 그릇에 담은 후 바질을 올린다.

씨푸드 토마토 바질 파스타

이 파스타는 제가 로컬릿을 처음 오픈할 때 자주 만들었던 레시피예요.
토마토소스와 바질페스토를 같이 사용해 해산물의 풍부한 맛을 한층 올려준답니다.

[기본 재료 준비하기]

- 스파게티 90g
  (또는 링귀네)
- 채수 1/2컵(100mℓ)
- 토마토소스 1/2컵
  (또는 시판 토마토소스, 100mℓ)
- 바질페스토 1큰술

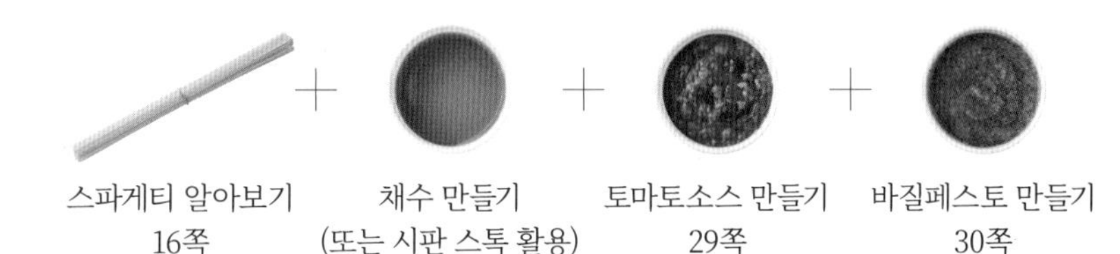

스파게티 알아보기 16쪽 + 채수 만들기 (또는 시판 스톡 활용) 26~27쪽 + 토마토소스 만들기 29쪽 + 바질페스토 만들기 30쪽

*

[만들기] 1인분 / 20~25분

추가 재료

- 해감 바지락 1컵
  (또는 다른 조개, 200g)
- 손질 오징어 1/3마리
  (몸통 가르지 않고 손질한 것, 80g)
- 냉동 생새우살 3마리
  (킹사이즈, 45~60g)
- 마늘 1쪽(5g)
- 페페론치노 2개(또는 베트남고추)
- 엑스트라 버진 올리브유 1큰술
- 버터 1큰술(10g)
- 이탈리안 파슬리 다진 것 1/2큰술
  (또는 셀러리 잎 다진 것)
- 통후추 간 것 약간

면 삶는 물

- 물 7컵(1.4ℓ)
- 꽃소금 약 1큰술(15g)

prep

1 냄비에 면 삶는 물 재료를 넣고 센 불에서 끓어오르면 스파게티를 넣어 8분간 삶은 후 체에 밭쳐 물기를 뺀다.

2 마늘은 얇게 썰고, 오징어는 1cm 두께로 썬다(오징어 손질 33쪽 참고). 냉동 생새우살은 소금물(물 + 소금 약간)에 담가 해동한다.

cooking

3 달군 팬에 올리브유, 마늘을 넣고 중간 불에서 30초간 볶은 후 페페론치노를 부숴 넣고 30초간 볶는다.

4 해감 바지락, 오징어, 생새우살을 넣고 센 불에서 1분간 볶은 후 채수, 토마토소스, 바질페스토를 넣고 1분간 볶는다.

5 스파게티를 넣고 센 불에서 3~4분간 소스가 촉촉하게 남을 때까지 졸인 후 불을 끈다. 버터를 넣어 섞은 후 그릇에 담고 파슬리 다진 것, 통후추 간 것을 뿌린다.

부재료가 많은 씨푸드 파스타는 수분을 많이 날리면 재료와 면이 겉돌 수 있으니 오일 베이스 파스타보다 약간 더 촉촉하게 만드는 것이 좋아요. 씨푸드는 전체 중량을 맞춰 한 가지 재료만 사용하거나 새우, 관자 등을 사용해도 됩니다.

구운 치즈 토마토 파스타

토마토와 크림치즈를 오븐에 구운 후 파스타를 넣고 버무리는 독특한 조리법을 사용해요.
이렇게 하면 토마토와 치즈의 풍미를 더욱 진하게 느낄 수 있답니다.

[기본 재료 준비하기]

- 카사레치아 80g
  (또는 다른 숏 파스타)

카사레치아 알아보기
17쪽

*

[만들기] 1인분 / 20~25분

추가 재료

- 대추방울토마토 10~12개
  (또는 토마토 3/4개, 약 150g)
- 크림치즈 100g
  (또는 고르곤졸라, 페코리노)
- 타임 3~4줄기
- 바질 6~7장
- 엑스트라 버진 올리브유 2큰술
- 그라나파다노치즈 간 것 1큰술
  (또는 파마산치즈가루, 8g)
- 소금 약간
- 통후추 간 것 약간
- 면수 약간

면 삶는 물

- 물 7컵(1.4ℓ)
- 꽃소금 약 1큰술(15g)

prep

1 오븐을 180℃로 예열한다.
대추방울토마토는 2등분한다.

2 오븐용 그릇에 대추방울토마토,
크림치즈, 타임, 소금, 통후추 간 것을
넣고 올리브유를 뿌린다. 180℃로
예열한 오븐에 넣어 15분간 굽는다.

3 냄비에 면 삶는 물 재료를 넣고
센 불에서 끓어오르면 카사레치아를
넣어 12분간 삶은 후 체에 밭쳐
물기를 뺀다. 약간의 면수를 남겨둔다.

cooking

4 볼에 ②의 구운 재료와 카사레치아,
바질, 그라나파다노치즈 간 것을 넣고
가볍게 버무린다. 간을 보며 면수를
1큰술씩 넣고 섞은 후 그릇에 담는다.

오렌지 오븐 파스타

이 파스타는 예전에 매장에서 판매한 적이 있는데, 여성 고객들에게 특히 인기가 많았던 메뉴예요.
치즈가 흘러 넘칠 정도로 듬뿍 넣고 오븐에서 색도 진하게 내야 더욱 먹음직스러워요.

[기본 재료 준비하기]

- 스파게티 100g
  (또는 링귀네)
- 채수 1/2컵(100㎖)
- 라구소스 1컵(200㎖)

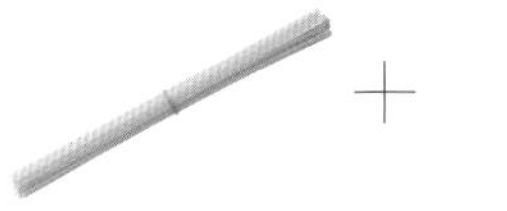

스파게티 알아보기
16쪽

채수 만들기
(또는 시판 스톡 활용)
26~27쪽

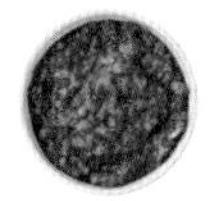

라구소스 만들기
32쪽

*

[만들기] 1인분 / 20~25분

추가 재료

- 대추방울토마토 3개
  (또는 토마토 1/4개, 50g)
- 오렌지 1/2개(100g)
- 버터 1큰술(10g)
- 면수 1/2컵(100㎖)
- 슈레드 모짜렐라치즈 1/4컵(25g)
- 그라나파다노치즈 간 것 1큰술
  (또는 파마산치즈가루, 8g)

면 삶는 물

- 물 7컵(1.4ℓ)
- 꽃소금 약 1큰술(15g)

prep

1 냄비에 면 삶는 물 재료를 넣고 센 불에서 끓어오르면 스파게티를 넣어 6분간 삶은 후 면수 1/2컵(100㎖)을 덜어둔다. 스파게티는 체에 밭쳐 물기를 뺀다.

2 대추방울토마토는 2등분한다.

3 오렌지는 장식으로 사용할 1장만 0.5cm 두께로 썰고, 나머지는 스퀴저로 즙을 짠다.

cooking

4 오븐을 200℃로 예열한다. 달군 팬에 스파게티, 대추방울토마토, 오렌지즙, 버터, 라구소스, 채수, 면수를 넣고 센 불에서 2~3분간 소스가 촉촉하게 남을 때까지 졸인다.

5 그라탱 그릇에 ④를 담고 슈레드 모짜렐라치즈, 그라나파다노치즈 간 것, 오렌지 슬라이스를 올린 후 200℃로 예열한 오븐에 넣어 5~6분간 치즈를 녹인다.

지중해풍 샐러드 파스타

여름에 먹기 좋은 콜드 파스타입니다. 이 파스타는 다양하게
응용할 수 있는 것이 장점이에요. 좋아하는 과일을 추가해도 좋고,
케이퍼나 앤초비를 넣어도 잘 어울립니다. 도시락 메뉴로도 추천해요.

[기본 재료 준비하기]

- 푸실리 80g
  (또는 다른 숏 파스타)

푸실리 알아보기
17쪽

*

[만들기] 1인분 / 20~25분

추가 재료

- 적양파 1/4개(또는 양파, 50g)
- 대추방울토마토 3개
  (또는 토마토 1/4개, 50g)
- 그린올리브 3개(또는 블랙올리브)
- 레몬 1/2개(50g)
- 페타치즈 1/4컵
  (또는 다른 치즈, 60g)
- 선드라이드 토마토 1/4컵(30g)
- 바질 6~7장
- 이탈리안 파슬리 다진 것 1큰술
  (또는 셀러리 잎 다진 것)
- 그라나파다노치즈 간 것 1큰술
  (또는 파마산치즈가루, 8g)
- 엑스트라 버진 올리브유 2큰술
- 소금 약간
- 통후추 간 것 약간

면 삶는 물

- 물 7컵(1.4ℓ)
- 꽃소금 약 1큰술(15g)

prep

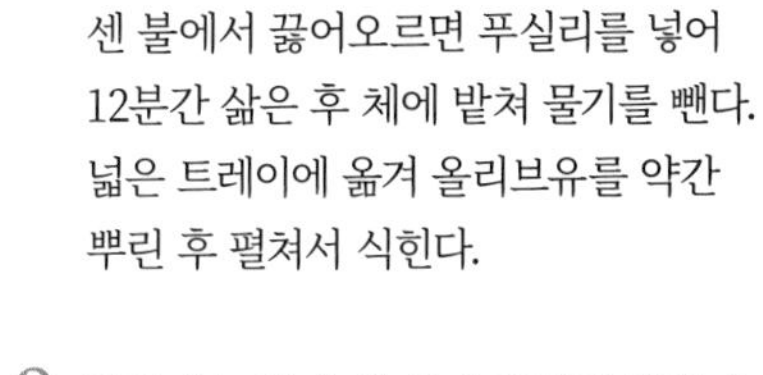

1 냄비에 면 삶는 물 재료를 넣고
센 불에서 끓어오르면 푸실리를 넣어
12분간 삶은 후 체에 밭쳐 물기를 뺀다.
넓은 트레이에 옮겨 올리브유를 약간
뿌린 후 펼쳐서 식힌다.

2 적양파는 얇게 채 썰어 10분간 찬물에
담근 후 체에 밭쳐 물기를 뺀다.

3 대추방울토마토는 2등분하고,
그린올리브는 3~4등분한다.
레몬은 0.5cm 두께로 썬다.

4 페타치즈, 선드라이드 토마토는
먹기 좋은 크기로 썬다.

cooking

5 볼에 모든 재료를 넣고 가볍게 버무린다.

Chapter 3

Exoti

Gourmet Pasta

이색 고메파스타

색다른 재료, 색다른 소스, 색다른 조리법으로 이국적인 맛을 느낄 수 있는 파스타예요.
조금 낯설게 느껴질 수 있지만 진정한 미식을 원한다면 꼭 한번 만들어보세요.

미소된장 버섯 파스타

미소된장과 버섯, 버터, 치즈가 잘 어울리는 일본식 퓨전 파스타예요. 재료의 조합이 상상이 안 갈수도 있지만 미소된장과 버터는 의외로 맛의 조화가 정말 좋답니다. 믿고 도전해보세요.

[기본 재료 준비하기]

- 스파게티 100g
  (또는 링귀네)
- 채수 1컵(200㎖)

스파게티 알아보기
16쪽

채수 만들기
(또는 시판 스톡 활용)
26~27쪽

*

[만들기] 1인분 / 20~25분

추가 재료

- 표고버섯 2개
  (또는 다른 버섯, 50g)
- 양송이버섯 2개
  (또는 다른 버섯, 40g)
- 페페론치노 1개(또는 베트남고추)
- 미소된장 1/2큰술(7~8g)
- 엑스트라 버진 올리브유 1큰술
- 버터 1/2큰술(5g)
- 그라나파다노치즈 간 것 1/2큰술
  (또는 파마산치즈가루, 4g)
- 이탈리안 파슬리 다진 것 1/2큰술
  (또는 셀러리 잎 다진 것, 송송 썬 쪽파)

면 삶는 물

- 물 7컵(1.4ℓ)
- 꽃소금 약 1큰술(15g)

prep

1 냄비에 면 삶는 물 재료를 넣고
센 불에서 끓어오르면 스파게티를 넣어
7분간 삶은 후 체에 밭쳐 물기를 뺀다.

2 표고버섯, 양송이버섯은
0.3cm 두께로 썬다.

cooking

3 달군 팬에 올리브유, 표고버섯,
양송이버섯을 넣고 중약 불에서
1분간 볶는다.

4 스파게티, 페페론치노, 미소된장, 버터,
그라나파다노치즈 간 것, 채수를 넣고
센 불에서 3~4분간 소스가 촉촉하게
남을 때까지 졸인다.

5 그릇에 담고 파슬리 다진 것을 뿌린다.

Gourmet point

일반 된장으로 만들면 향이 강해서
어울리지 않으니 꼭 미소된장을 사용하세요.

순두부 크림 파스타

순두부를 이용해 크림 소스를 만든 한식 퓨전 파스타예요.
청양고추로 칼칼한 맛을 더해 마지막까지 맛있게 먹을 수 있습니다.

[기본 재료 준비하기]

- 스파게티 100g
  (또는 링귀네)

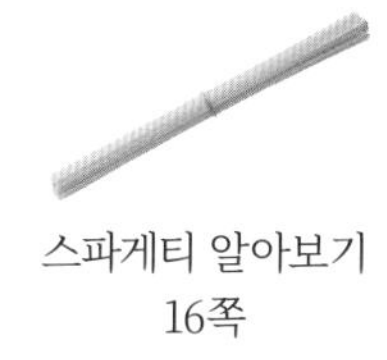

스파게티 알아보기
16쪽

*

[만들기] 1인분 / 20~25분

추가 재료

- 베이컨 2줄(28g)
- 청양고추 1개
- 그라나파다노치즈 간 것 1큰술
  (또는 파마산치즈가루, 8g)
- 통후추 간 것 약간

순두부크림

- 순두부 1/2봉(200g)
- 우유 1컵
  (또는 귀리우유, 두유, 200mℓ)
- 마늘 1쪽
  (또는 다진 마늘 1/2큰술, 5g)
- 레몬즙 1/2큰술
- 소금 1/2큰술

면 삶는 물

- 물 7컵(1.4ℓ)
- 꽃소금 약 1큰술(15g)

prep

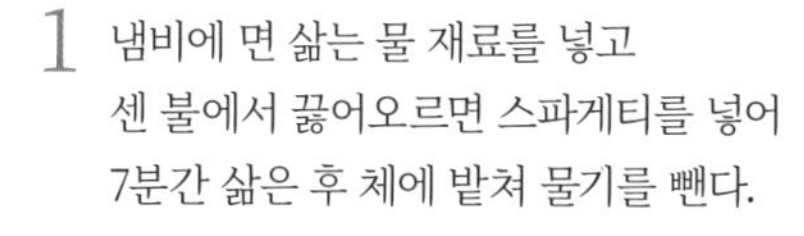

1 냄비에 면 삶는 물 재료를 넣고
센 불에서 끓어오르면 스파게티를 넣어
7분간 삶은 후 체에 밭쳐 물기를 뺀다.

2 믹서에 순두부크림 재료를 넣고
곱게 간다.

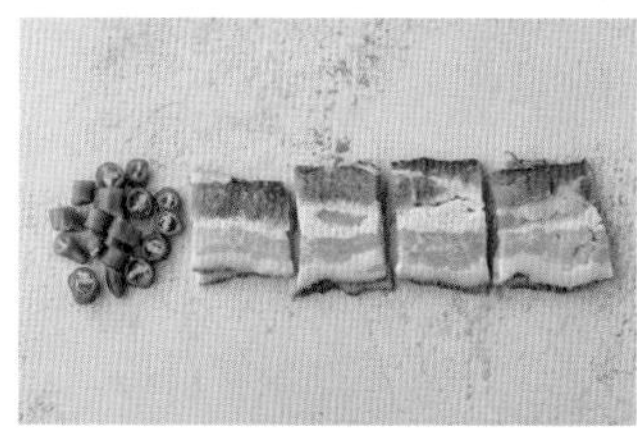

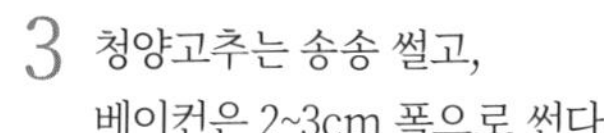

3 청양고추는 송송 썰고,
베이컨은 2~3cm 폭으로 썬다.

cooking

4 달군 팬에 베이컨을 넣고
중간 불에서 1분간 노릇하게 볶는다.
* 팬이 타면 순두부크림의 색이
검게 되기 때문에 팬이 타지 않도록
주의한다.

5 스파게티, 순두부크림, 청양고추를 넣고
센 불에서 3~4분간 소스가
촉촉하게 남을 때까지 졸인다.
그릇에 담고 그라나파다노치즈 간 것,
통후추 간 것을 뿌린다.

Gourmet point

순두부크림을 차갑게 한 후
카펠리니와 함께 먹으면 콩국수 느낌으로
즐길 수 있어요. 우유 대신 귀리우유나
두유를 넣고 베이컨을 생략하면
비건 파스타가 돼요. 단, 아무래도
고소한 맛은 덜합니다.

크리미 열무 페스토 오레키에테

이탈리아에서 즐겨 먹는 레시피를
우리나라에서 많이 먹는 열무를 사용해 만들었어요.
오레키에테는 잎채소와 특히 잘 어울린답니다.

시칠리아 삼치 파스타

몇 년 전 여름에 방문했던 시칠리아에서 먹은
정어리 파스타를 떠올리며 만든 삼치 파스타예요.
크럼블을 올려 섞어 먹는 맛이 별미랍니다.

열무피클 134쪽

크리미 열무 페스토 오레키에테

[기본 재료 준비하기]

- 오레키에테 70g
  (또는 다른 숏 파스타)
- 바질페스토 2큰술

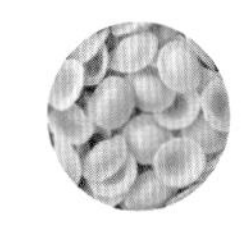

오레키에테 알아보기
17쪽

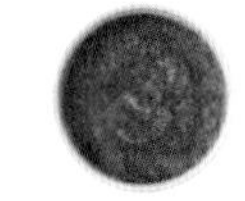

바질페스토 만들기
30쪽

[만들기] 1인분 / 15~20분

추가 재료

- 열무 약 1/2줌(또는 케일, 고사리, 40g)
- 초리조 2~3장(20g)
- 생크림 1컵(200㎖)
- 버터 1/2큰술(5g)
- 그라나파다노치즈 간 것 1큰술
  (또는 파마산치즈가루, 8g)
- 소금 약간
- 통후추 간 것 약간

면 삶는 물

- 물 7컵(1.4ℓ)
- 꽃소금 약 1큰술(15g)

prep

1 냄비에 면 삶는 물 재료를 넣고 센 불에서 끓어오르면 오레키에테를 넣어 7분간 삶은 후 체에 밭쳐 물기를 뺀다.

2 열무는 4~5cm 길이로 썬다.

3 초리조는 얇게 채 썬다.

cooking

4 달군 팬에 오레키에테, 열무, 바질페스토, 생크림, 버터, 그라나파다노치즈 간 것을 넣고 센 불에서 3~4분간 소스가 촉촉하게 남을 때까지 졸인 후 불을 끈다.

5 소금, 통후추 간 것을 넣고 섞은 후 그릇에 담고 초리조를 올린다.

시칠리아 삼치 파스타

[기본 재료 준비하기]

- 링귀네 100g
  (또는 스파게티)
- 채수 1/2컵(100㎖)
- 크럼블 3작은술

링귀네 알아보기 16쪽 + 채수 만들기 (또는 시판 스톡 활용) 26~27쪽 + 크럼블 만들기 33쪽

*

[만들기] 1인분 / 25~30분

추가 재료

- 삼치 필렛 1/4마리
  (또는 고등어, 참치, 120g)
- 대추방울토마토 2개(30g)
- 마늘 2쪽(10g)
- 그린올리브 3개(또는 블랙올리브)
- 페페론치노 2개(또는 베트남고추)
- 케이퍼 8개
- 엑스트라 버진 올리브유 2큰술
- 버터 1/2큰술(5g)
- 면수 1/2컵(100㎖)
- 소금 약간
- 통후추 간 것 약간
- 이탈리안 파슬리 다진 것 약간
  (또는 셀러리 잎 다진 것)
- 딜 약간(또는 펜넬, 생략 가능)

면 삶는 물

- 물 7컵(1.4ℓ)
- 꽃소금 약 1큰술(15g)

prep

1 냄비에 면 삶는 물 재료를 넣고 센 불에서 끓어오르면 링귀네를 넣어 7분간 삶은 후 면수 1/2컵(100㎖)을 덜어둔다. 링귀네는 체에 밭쳐 물기를 뺀다.

2 대추방울토마토는 2등분하고, 마늘, 그린올리브는 얇게 썬다. 삼치 필렛은 가시를 제거하고 3cm 크기로 썬 후 소금, 통후추 간 것을 뿌린다.

cooking

3 달군 팬에 올리브유 1큰술, 마늘을 넣고 중간 불에서 1분간 볶은 후 삼치를 넣고 1분간 볶는다.

4 그린올리브, 페페론치노, 케이퍼를 넣고 센 불에서 1분간 볶은 후 링귀네, 대추방울토마토, 버터, 채수, 면수를 넣고 센 불에서 3~4분간 소스가 촉촉하게 남을 때까지 졸인 후 불을 끈다.

5 올리브유 1큰술, 파슬리 다진 것을 넣고 튀김용 젓가락이나 긴 집게를 이용해 꾸덕한 느낌이 들 때까지 면을 돌리면서 공기와 접촉되도록 뒤적인다(자세한 방법 35쪽). 그릇에 담고 크럼블, 딜을 올린다.

케이준 쉬림프 파스타

생크림에 바질페스토를 섞으면 향긋하면서도 더 고소하고 부드럽게 즐길 수 있어요.
새우에 매콤한 케이준시즈닝을 입힌 덕분에 느끼하지 않답니다.

[기본 재료 준비하기]

- 스파게티 100g
  (또는 링귀네)
- 바질페스토 1과 1/2큰술

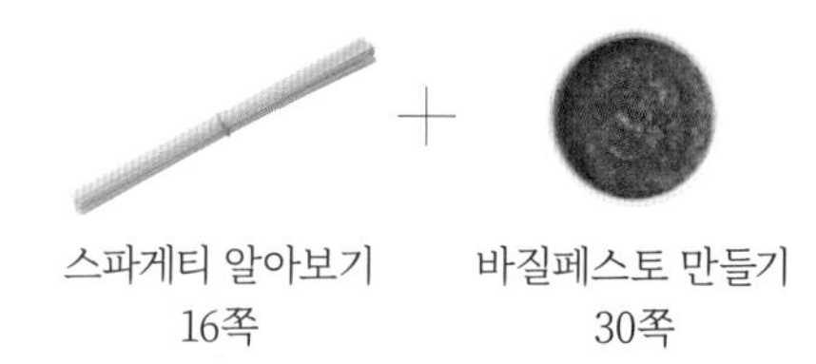

스파게티 알아보기
16쪽

바질페스토 만들기
30쪽

*

[만들기] 1인분 / 20~25분

추가 재료

- 냉동 새우 6마리(중하, 120g)
- 마늘 2쪽(10g)
- 케이준시즈닝 1/2큰술
- 생크림 1/2컵(100㎖)
- 면수 1/2컵(100㎖)
- 카놀라유 1큰술
  (또는 다른 식용유)
- 이탈리안 파슬리 다진 것 약간
  (또는 셀러리 잎 다진 것)

면 삶는 물

- 물 7컵(1.4ℓ)
- 꽃소금 약 1큰술(15g)

prep

1 냄비에 면 삶는 물 재료를 넣고 센 불에서 끓어오르면 스파게티를 넣어 7분간 삶은 후 면수 1/2컵(100㎖)을 덜어둔다. 스파게티는 체에 밭쳐 물기를 뺀다.

2 새우는 케이준시즈닝을 넣고 버무린다.

3 마늘은 얇게 썬다.

cooking

4 달군 팬에 카놀라유, 마늘을 넣고 중간 불에서 1분간 볶은 후 새우를 넣고 1분간 볶는다.

5 스파게티, 바질페스토, 생크림, 면수를 넣고 센 불에서 3~4분간 소스가 사진과 같이 넉넉하게 남을 정도로 졸인다. 그릇에 담고 파슬리 다진 것을 뿌린다.

케이준시즈닝이 생소할 수 있지만, 시즈닝 하나로 맛이 확 달라지니 꼭 사용해보세요. 케이준시즈닝은 온라인에서 구입할 수 있고, 새우나 닭고기에 뿌려 구우면 간단하고 맛있어요.

잠봉 파스타

요즘 유행하는 잠봉 뵈르(바게트에 잠봉과 버터를 넣어 만든 프랑스식 샌드위치)를 파스타 버전으로 만들었어요. 여기에 된장을 약간 넣어 풍미를 올리고 자칫 느끼할 수 있는 맛을 잡았습니다.

[기본 재료 준비하기]

- 스파게티 100g
  (또는 링귀네)
- 채수 1/2컵(100㎖)

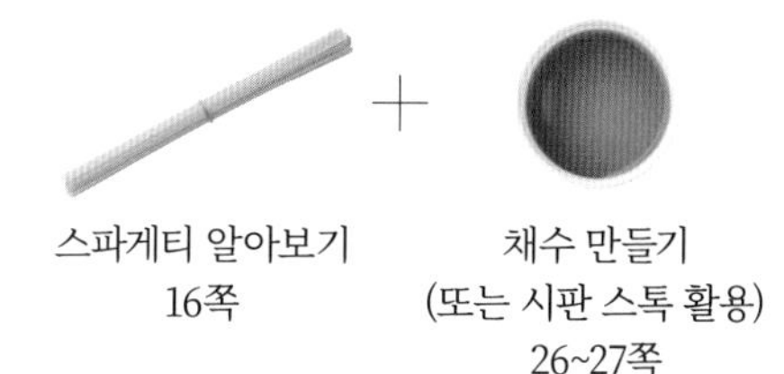

스파게티 알아보기
16쪽

채수 만들기
(또는 시판 스톡 활용)
26~27쪽

*

[만들기] 1인분 / 15~20분

추가 재료

- 잠봉 2장(또는 다른 생햄, 30g)
- 된장 1작은술(또는 미소된장)
- 생크림 1/2컵(100㎖)
- 그라나파다노치즈 간 것 1큰술
  (또는 파마산치즈가루, 8g)
- 버터 1큰술(10g)
- 면수 1/2컵(100㎖)

면 삶는 물

- 물 7컵(1.4ℓ)
- 꽃소금 약 1큰술(15g)

prep

1 냄비에 면 삶는 물 재료를 넣고 센 불에서 끓어오르면 스파게티를 넣어 7분간 삶은 후 면수 1/2컵(100㎖)을 덜어둔다. 스파게티는 체에 밭쳐 물기를 뺀다.

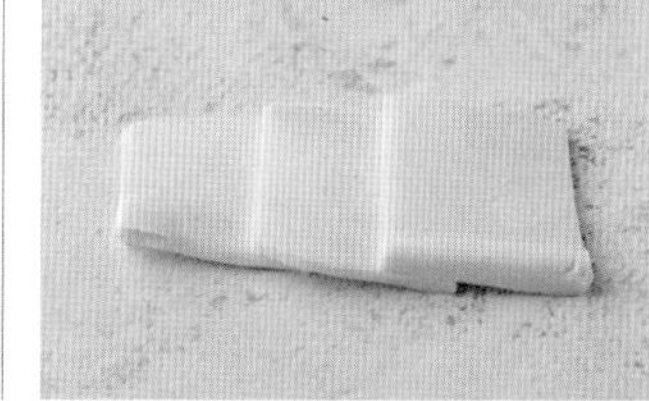

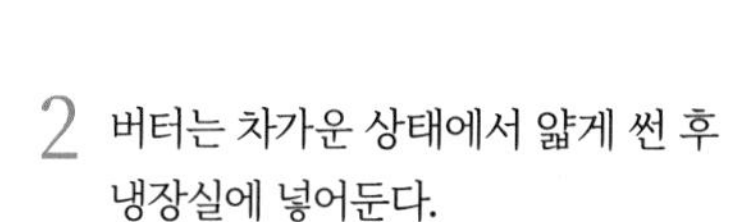

2 버터는 차가운 상태에서 얇게 썬 후 냉장실에 넣어둔다.

cooking

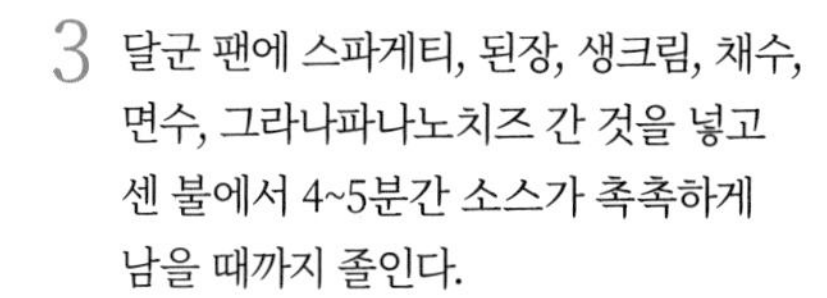

3 달군 팬에 스파게티, 된장, 생크림, 채수, 면수, 그라나파나노치즈 간 것을 넣고 센 불에서 4~5분간 소스가 촉촉하게 남을 때까지 졸인다.

4 그릇에 담고 잠봉을 찢어서 올린 후 차가운 버터를 올린다. 가볍게 섞어서 먹는다.

Gourmet point

잠봉 뵈르 샌드위치처럼 버터와 잠봉을 함께 먹는 것이 포인트예요.
버터와 잠봉의 색다른 식감을 느끼려면 녹지 않도록 차가운 버터를 올려야 합니다.

바질 포크 파스타

태국의 바질 포크 라이스의 파스타 버전이에요. 바질을 넉넉히 넣어야 향을 충분히 느낄 수 있답니다.
동남아풍의 맛을 내기 위해 피쉬소스를 사용했어요.

[기본 재료 준비하기]

- 링귀네 100g
  (또는 스파게티)
- 채수 1컵(200㎖)

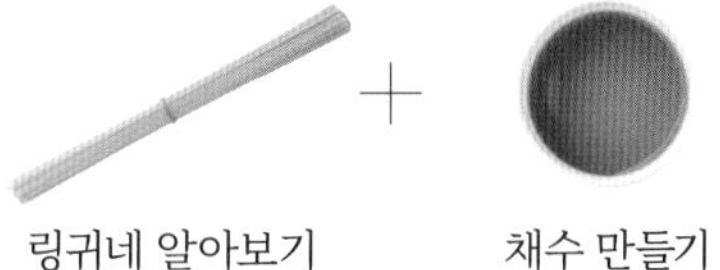

링귀네 알아보기
16쪽

채수 만들기
(또는 시판 스톡 활용)
26~27쪽

*

[만들기] 1인분 / 20~25분

추가 재료

- 돼지고기 다짐육 100g
- 바질 30장
- 카놀라유 2큰술(또는 다른 식용유)
- 다진 마늘 1큰술(10g)
- 페페론치노 6개(또는 베트남고추)
- 피쉬소스 1큰술
  (또는 까나리, 멸치 액젓)
- 설탕 1/2큰술
- 소금 약간
- 통후추 간 것 약간

면 삶는 물

- 물 7컵(1.4ℓ)
- 꽃소금 약 1큰술(15g)

prep

1 냄비에 면 삶는 물 재료를 넣고 센 불에서 끓어오르면 링귀네를 넣어 7분간 삶은 후 체에 밭쳐 물기를 뺀다.

cooking

2 달군 팬에 카놀라유, 다진 마늘을 넣고 중간 불에서 1분간 볶은 후 돼지고기 다짐육을 넣고 2~3분간 노릇하게 볶는다. * 다짐육을 사진과 같이 덩어리지게 볶아야 맛있다.

3 페페론치노, 피쉬소스, 설탕을 넣고 센 불에서 1분간 볶는다.

4 링귀네, 채수를 넣고 센 불에서 3~4분간 소스가 촉촉하게 남을 때까지 졸인 후 소금, 통후추 간 것을 넣고 섞는다.

5 불을 끄고 바질을 넣어 가볍게 섞은 후 그릇에 담는다. * 큰 바질은 적당한 크기로 찢어서 넣는다.

비프 커리 파스타

토마토소스에 카레가루를 넣어 소스에 변형을 줬어요. 카레가루가 감칠맛을 확 올려준답니다.
버터를 섞어도 좋지만 마지막에 올리면 더 멋스럽고 서서히 녹으면서 풍미도 진하게 느낄 수 있어요.

[기본 재료 준비하기]

- 스파게티 100g
  (또는 링귀네)
- 닭육수 1컵(200mℓ)
- 토마토소스 1/2컵
  (또는 시판 토마토소스, 100mℓ)

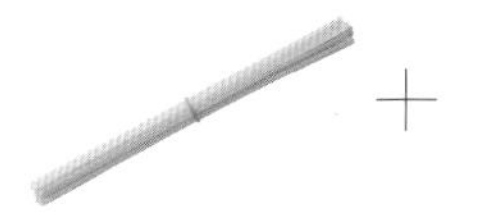
+
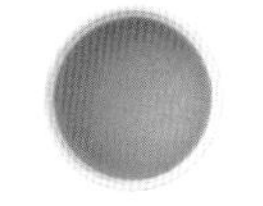
+
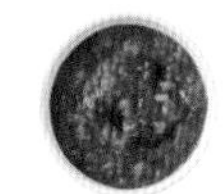

스파게티 알아보기
16쪽

닭육수 만들기
(또는 시판 스톡 활용)
28쪽

토마토소스 만들기
29쪽

*

[만들기] 1인분 / 20~25분

추가 재료

- 소고기 등심 120g(또는 다른 고기)
- 양파 1/3개(70g)
- 카레가루 1큰술(10g)
- 차가운 버터 1큰술(10g)
- 카놀라유 1큰술(또는 다른 식용유)
- 소금 약간
- 통후추 간 것 약간

면 삶는 물

- 물 7컵(1.4ℓ)
- 꽃소금 약 1큰술(15g)

prep

1 냄비에 면 삶는 물 재료를 넣고
센 불에서 끓어오르면 스파게티를 넣어
7분간 삶은 후 체에 밭쳐 물기를 뺀다.

2 양파는 0.2cm 두께로 채 썰고,
소고기는 사방 1.5~2cm 크기로 썬다.

cooking

3 달군 팬에 카놀라유, 양파를 넣고
중간 불에서 4~5분간 갈색이 나도록
볶은 후 소고기를 넣고 2분간 볶는다.

4 닭육수, 토마토소스, 카레가루,
소금을 넣고 센 불에서 2분간 끓인다.

5 스파게티를 넣고 센 불에서
2분간 소스가 촉촉하게 남을 때까지
졸인 후 그릇에 담는다. 통후추 간 것을
뿌리고 차가운 버터를 올린다.

소고기를 듬뿍 넣은 카레가 있다면 면을
넣어 파스타를 만들어보세요. 단, 일반적인
카레는 되직할 수 있으니 면수나 채수를
넣어 농도를 맞춘 후 면을 넣어요.

Veggi

Chapter 4

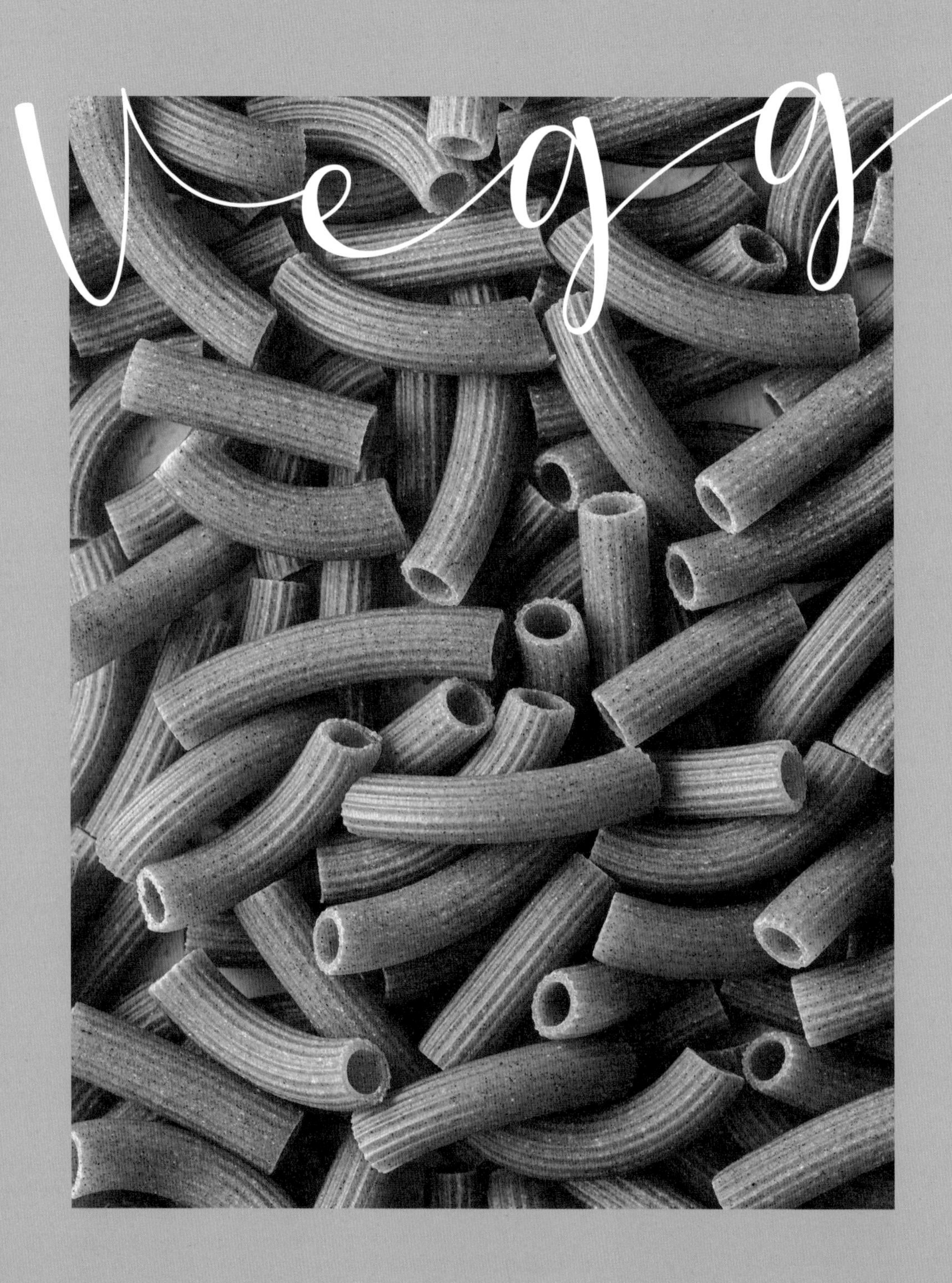

Gourmet pasta

채식 고메파스타

채소 요리 전문가이기도 한 셰프가 채소로 풍부한 맛을 낸 시그니처 파스타예요.
재료는 물론 소스까지 채소를 다양한 방법으로 활용해 평소 몰랐던 채소의 매력을 물씬 느낄 수 있답니다.
채식 지향자에게는 물론 누구나 가볍게 먹고 싶은 날 추천해요.

두부 소보로 완두콩 파스타

달콤 짭조름하게 볶은 두부와 고소한 완두콩으로 맛을 낸 비건 오일 파스타예요.
두부는 물기 없고 단단한 부침용을 사용해야 포슬포슬한 소보로를 만들 수 있답니다.

[기본 재료 준비하기]

- 스파게티 100g
  (또는 링귀네)
- 채수 1컵(200㎖)

스파게티 알아보기
16쪽

채수 만들기
(또는 시판 스톡 활용)
26~27쪽

*

[만들기] 1인분 / 15~20분

추가 재료

- 두부 약 2/5모
  (단단한 부침용, 130g)
- 냉동 완두콩 1/4컵
  (또는 통조림 완두콩, 25g)
- 양조간장 1큰술
- 설탕 1/2큰술
- 엑스트라 버진 올리브유 2큰술
- 통후추 간 것 약간

면 삶는 물

- 물 7컵(1.4ℓ)
- 꽃소금 약 1큰술(15g)

prep

1 냄비에 면 삶는 물 재료를 넣고 센 불에서 끓어오르면 스파게티를 넣어 7분간 삶은 후 체에 밭쳐 물기를 뺀다.

2 두부는 젖은 면포(또는 키친타월)에 감싸 물기를 꽉 짠다.

cooking

3 달군 팬에 올리브유, 두부, 양조간장, 설탕을 넣어 중간 불에서 2~3분간 노릇하게 볶는다.
* 두부의 물기가 남지 않도록 바싹 볶아야 식감이 좋다.

4 스파게티, 완두콩, 채수를 넣고 센 불에서 3~4분간 소스가 촉촉하게 남을 때까지 졸인 후 불을 끈다. 통후추 간 것을 넣고 섞어 그릇에 담는다.

콜리플라워 렌틸 파스타

콜리플라워와 렌틸콩을 더해 특히 포만감이 큰 파스타예요.
버터만 생략하면 비건 파스타로도 가능하고, 치즈를 추가하면 더 감칠맛을 낼 수 있어요.

[기본 재료 준비하기]

- 스파게티 60g
  (또는 링귀네)
- 토마토소스 1/2컵
  (또는 시판 토마토소스, 100mℓ)

스파게티 알아보기
16쪽

토마토소스 만들기
29쪽

*

[만들기] 1인분 / 20~25분

추가 재료

- 렌틸 2큰술(또는 통조림 옥수수, 냉동 완두콩, 30g)
- 콜리플라워 1/6개
  (또는 냉동 콜리플라워, 100g)
- 당근 1/7개(약 30g)
- 양파 1/5개(40g)
- 셀러리 10cm(30g)
- 면수 1/2컵(100mℓ)
- 엑스트라 버진 올리브유 1큰술
- 버터 1큰술(5g, 생략 가능)
- 소금 약간
- 통후추 간 것 약간

면 삶는 물

- 물 7컵(1.4ℓ)
- 꽃소금 약 1큰술(15g)

prep

1 냄비에 면 삶는 물 재료를 넣고 센 불에서 끓어오르면 스파게티를 넣어 6분간 삶은 후 면수 1/2컵(100mℓ)을 덜어둔다. 스파게티는 체에 밭쳐 물기를 뺀다.

2 냄비에 렌틸, 잠길 만큼의 물을 넣고 중간 불에서 7분간 삶은 후 체에 밭쳐 물기를 뺀다.

3 콜리플라워, 당근, 양파, 셀러리는 굵게 다진다.

cooking

4 달군 팬에 올리브유, 콜리플라워, 당근, 양파, 셀러리를 넣고 센 불에서 2분간 볶는다.

5 스파게티, 삶은 렌틸, 버터, 토마토소스, 면수를 넣고 3~4분간 소스가 촉촉하게 남을 때까지 졸인 후 불을 끈다. 소금, 통후추 간 것을 넣고 섞어 그릇에 담는다.

Gourmet point

렌틸 대신 통조림 옥수수나 냉동 완두콩 등을 이용할 때는 별도로 삶지 않아도 돼요.

파스타 알라 노르마

Pasta alla norma

시칠리아에서 주로 먹는 클래식한 파스타로 가지와 토마토, 치즈, 바질 등을 이용해 만들어요.
식어도 맛있어서 피크닉 도시락으로도 추천해요.

[기본 재료 준비하기]

- 리가토니 80g
  (또는 다른 숏 파스타)
- 채수 1/2컵(100㎖)
- 토마토소스 1/2컵
  (또는 시판 토마토소스, 100㎖)

리가토니 알아보기
17쪽

+

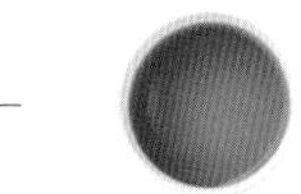

채수 만들기
(또는 시판 스톡 활용)
26~27쪽

+

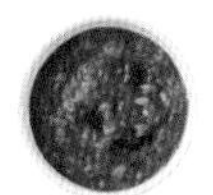

토마토소스 만들기
29쪽

*

[만들기] 1인분 / 25~30분

추가 재료

- 가지 1/3개(얇고 긴 것, 50g)
- 대추방울토마토 3개
  (또는 토마토 1/4개, 50g)
- 바질 6~7장
- 엑스트라 버진 올리브유 2큰술
- 버터 1큰술(10g)
- 면수 1/2컵(100㎖)
- 그라나파다노치즈 간 것 1큰술
  (또는 파마산치즈가루, 8g)
- 소금 약간
- 통후추 간 것 약간

면 삶는 물

- 물 7컵(1.4ℓ)
- 꽃소금 약 1큰술(15g)

prep

1 냄비에 면 삶는 물 재료를 넣고 센 불에서 끓어오르면 리가토니를 넣어 8분간 삶은 후 면수 1/2컵(100㎖)을 덜어둔다. 리가토니는 체에 밭쳐 물기를 뺀다.

2 가지는 1cm 두께로 썰고, 대추방울토마토는 2등분한다.

cooking

3 달군 팬에 올리브유 1큰술, 가지를 넣고 중간 불에서 1분간 볶은 후 대추방울토마토를 넣고 1분간 볶는다.

4 리가토니, 토마토소스, 채수, 면수, 버터를 넣고 센 불에서 3~4분간 소스가 촉촉하게 남을 때까지 졸인다. 불을 끄고 소금, 통후추 간 것을 넣고 섞는다.

5 그릇에 담고 그라나파다노치즈 간 것, 올리브유 1큰술을 뿌린 후 바질을 올린다.

애호박 레몬 파스타

수분감이 많고 식감도 좋은 애호박에 레몬향을 입힌 링귀네 파스타예요.
별다른 재료가 없지만 먹다보면 계속 생각나는 맛이랍니다. 냉장고에 남은 애호박이 있다면 만들어보세요.

[기본 재료 준비하기]

- 링귀네 100g
  (또는 스파게티)
- 채수 1/2컵(100㎖)
- 크럼블 3작은술

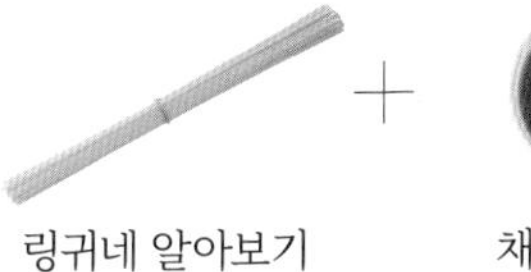

+

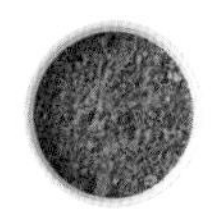

링귀네 알아보기
16쪽

채수 만들기
(또는 시판 스톡 활용)
26~27쪽

크럼블 만들기
33쪽

*

[만들기] 1인분 / 20~25분

추가 재료

- 애호박 1/4개(70g)
- 레몬 1/2개(50g)
- 다진 마늘 1작은술
- 페페론치노 2개(또는 베트남고추)
- 엑스트라 버진 올리브유 1큰술
- 버터 1큰술(10g)
- 면수 1/2컵(100㎖)

면 삶는 물

- 물 7컵(1.4ℓ)
- 꽃소금 약 1큰술(15g)

prep

1 냄비에 면 삶는 물 재료를 넣고 센 불에서 끓어오르면 링귀네를 넣어 7분간 삶은 후 면수 1/2컵(100㎖)을 덜어둔다. 링귀네는 체에 밭쳐 물기를 뺀다.

2 애호박은 슬라이서(또는 칼)로 얇게 썰고, 레몬은 스퀴저로 즙을 짠다.
* 애호박을 얇게 썰어야 면과 함께 먹기 좋다.

cooking

3 달군 팬에 올리브유, 다진 마늘을 넣고 중간 불에서 30초간 볶은 후 페페론치노를 부숴 넣고 섞는다.

4 링귀네, 애호박, 버터, 채수, 면수를 넣고 센 불에서 3~4분간 소스가 촉촉하게 남을 때까지 졸인다.

5 불을 끄고 레몬즙을 넣어 가볍게 섞는다. 그릇에 담고 크럼블을 올린다.

버터와 레몬즙을 마지막에 넣어 풍미를 살리는 것이 포인트예요. 파스타에 레몬즙을 넣는 것이 생소할 수 있지만 약간의 신맛은 감칠맛을 준답니다.

땅콩호박 글루텐프리 리가토니

밀가루가 들어가지 않는 퀴노아 리가토니와 구운 땅콩호박으로 만든 건강한 비건 파스타예요.
캐슈넛 크림소스와 땅콩호박의 고소한 맛이 잘 어울린답니다.

[기본 재료 준비하기]

- 퀴노아 리가토니 70g
  (또는 다른 숏 파스타)
- 캐슈넛소스 3큰술

퀴노아 리가토니 알아보기
19쪽

+

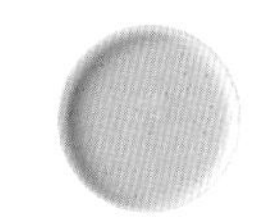

캐슈넛소스 만들기
31쪽

*

[만들기] 1인분 / 20~25분

추가 재료

- 땅콩호박 약 1/4개
  (또는 단호박, 120g)
- 볶은 통들깨 2작은술
- 엑스트라 버진 올리브유 2큰술
- 소금 약간
- 통후추 간 것 약간

면 삶는 물

- 물 7컵(1.4ℓ)
- 꽃소금 약 1큰술(15g)

prep

1 냄비에 면 삶는 물 재료를 넣고 센 불에서 끓어오르면 퀴노아 리가토니를 넣어 10분간 삶은 후 체에 밭쳐 물기를 뺀다. 넓은 트레이에 옮겨 올리브유를 약간 뿌린 후 펼쳐서 식힌다.

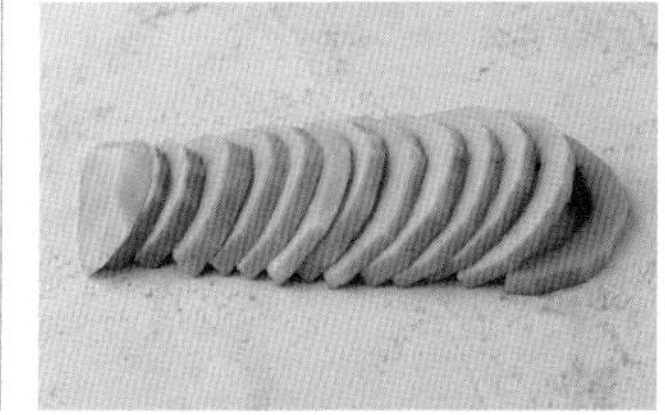

2 오븐을 180℃로 예열한다. 땅콩호박은 껍질을 벗기고 1cm 두께로 썬다.

cooking

3 오븐용 그릇에 땅콩호박을 펼쳐 담고 소금, 통후추 간 것, 올리브유 1큰술을 뿌린 후 180℃로 예열한 오븐에 넣어 7~8분간 굽는다.

4 그릇에 퀴노아 리가토니, 땅콩호박을 올린 후 캐슈넛소스를 뿌린다. 볶은 통들깨, 올리브유 1큰술을 뿌린다.

당근 크림 파스타

당근으로 크림 소스를 만들어 담백하게 즐길 수 있어요.
별다른 부재료가 없어도 샛노란 소스 덕분에 특별하게 보인답니다.
소스가 넉넉해서 면과 함께 떠먹기 좋아요.

[기본 재료 준비하기]

- 리가토니 80g
  (또는 다른 숏 파스타)
- 채수 1과 1/2컵(300mℓ)

리가토니 알아보기
17쪽

+

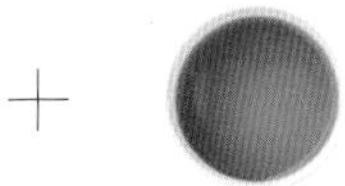

채수 만들기
(또는 시판 스톡 활용)
26~27쪽

*

[만들기] 1인분 / 25~30분

추가 재료

- 당근 3/4개
  (또는 단호박, 고구마, 150g)
- 버터 1큰술(10g)
- 생크림 1/2컵(100mℓ)
- 소금 1작은술
- 설탕 1/2큰술
- 그라나파다노치즈 슬라이스 5~6조각
  (또는 파마산치즈가루, 약 10g)
- 통후추 간 것 약간

면 삶는 물

- 물 7컵(1.4ℓ)
- 꽃소금 약 1큰술(15g)

prep

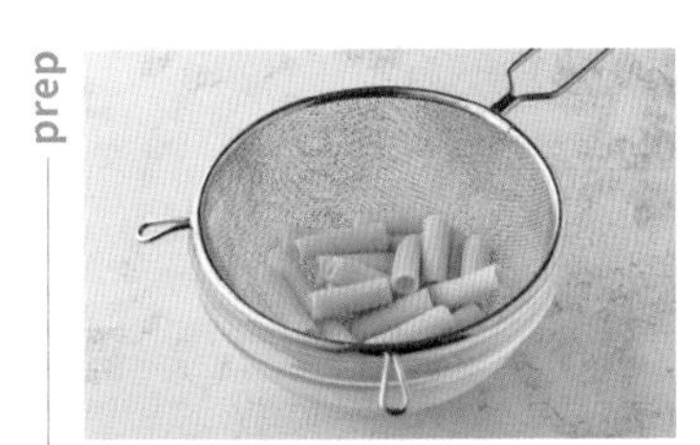

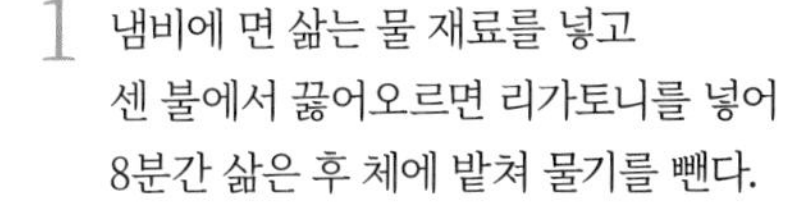

1 냄비에 면 삶는 물 재료를 넣고 센 불에서 끓어오르면 리가토니를 넣어 8분간 삶은 후 체에 밭쳐 물기를 뺀다.

2 당근은 0.5~1cm 두께로 썬다.

cooking

3 냄비에 당근, 버터, 생크림, 소금, 설탕, 채수를 넣고 중간 불에서 13~14분간 당근이 푹 익을 때까지 끓인다.

4 한김 식힌 후 믹서에 넣고 곱게 간다.

5 팬에 ④의 당근소스, 리가토니를 넣고 중간 불에서 2~3분간 소스가 사진과 같이 넉넉하게 남을 정도로 졸인다. 그릇에 담고 그라나파다노치즈 슬라이스, 통후추 간 것을 뿌린다.
* 치즈는 갈아서 넣어도 된다.

fresh nood

Chapter 5

le Gourmet pasta

생면 고메파스타

생면은 수분이 많아 식감이 쫄깃하고 소스가 속까지 잘 배는 장점이 있어요.
만들기는 조금 번거로울 수 있지만 충분히 그만한 가치가 있답니다.
진정한 고메파스타를 원한다면 도전해보세요.

* 생면 대신 건 파스타로 만드는 방법도 소개했어요.

생면 파스타 만들기

생면 알아보기

생면이란?

공장에서 대량으로 생산하는 건면과 달리, 생면은 수작업으로 직접 반죽한 면을
말해요. 건면처럼 쫄깃하고 탄력적인 식감은 아니지만 대신 촉촉하고 부드러우며
소스를 더 잘 흡수한다는 장점이 있습니다.

생면의 재료

이탈리아 정통 생면 파스타는 듀럼밀을 제분해 만든 '세몰리나'라는 밀가루로 만들어요.
하지만 세몰리나는 입자가 거칠고 찰기가 없어 반죽했을 때 뚝뚝 끊길 수 있어요.
그래서 세몰리나에 강력분을 섞기도 하고, 강력분으로만 만들기도 한답니다.
실제 레스토랑에서도 강력분으로 만든 생면을 많이 사용해요. 여기서는 가정에서
좀 더 쉽게 만들 수 있도록 강력분을 사용한 레시피를 소개합니다. 국내 제품으로는
코끼리 또는 곰표 밀가루를 추천하고, 통밀을 약간 섞어도 좋아요.

보관하기

반죽을 랩으로 싸거나 지퍼백에 담아 냉장 보관하되, 가급적 당일 사용하는 것을
추천해요. 달걀노른자의 함량이 높아 하루 이상 지나면 갈변하기 쉽고 특유의 냄새가
날 수 있기 때문이지요. 진공 포장하면 2주 정도 냉동 보관이 가능하며, 사용하기 전
냉장실로 옮겨 자연 해동합니다.

생면 만들기

Step 1

반죽하기

1인분을 기준으로 소개해요. 2인분으로 만들 경우 모든 재료를 2배로 늘리면 됩니다.
더 쫄깃하고 탄력있는 면을 원한다면 노른자의 양을 줄여요.

[재료]

- 강력분 100g
- 달걀노른자 90g
- 소금 1g
- 엑스트라 버진 올리브유 2g

1 믹싱볼 또는 작업대에 밀가루를 붓고 중앙에 홈을 판다.
* 작은 종지나 볼로 누르면 편하다.

2 홈에 달걀노른자를 넣는다.

3 포크로 노른자를 먼저 푼다.

4 노른자에 소금, 올리브유를 넣는다.

5 사진과 같이 포크를 돌리면서 노른자와 밀가루를 조금씩 섞는다.

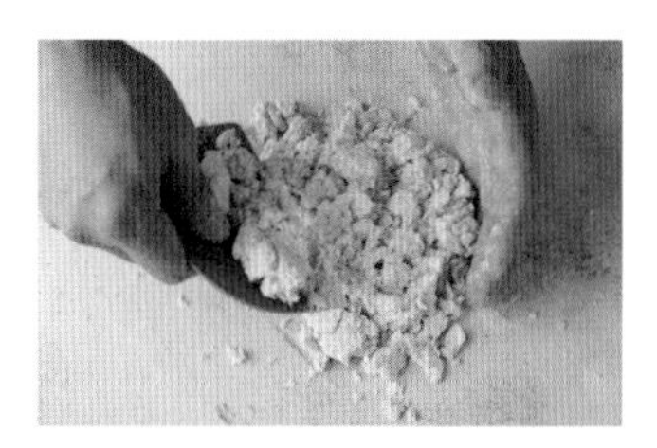

6 반죽이 보슬보슬한 상태가 되면 한 덩어리가 되도록 뭉친다.
* 스크래퍼를 사용하면 편하다.

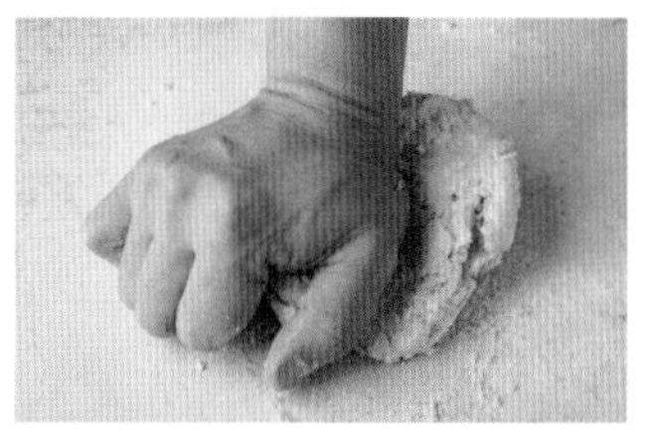

7 날가루가 없고 반죽이 매끈해질 때까지 손으로 힘주어 눌러가며 5분간 반죽한다.

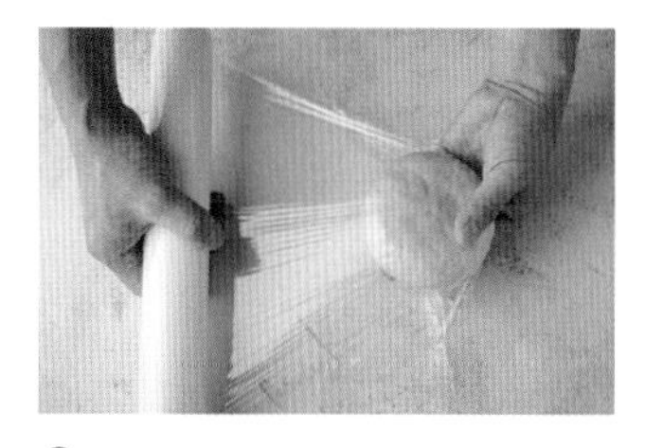

8 완성된 반죽에 랩을 씌워 냉장실에 넣고 1~2시간 휴지한다.

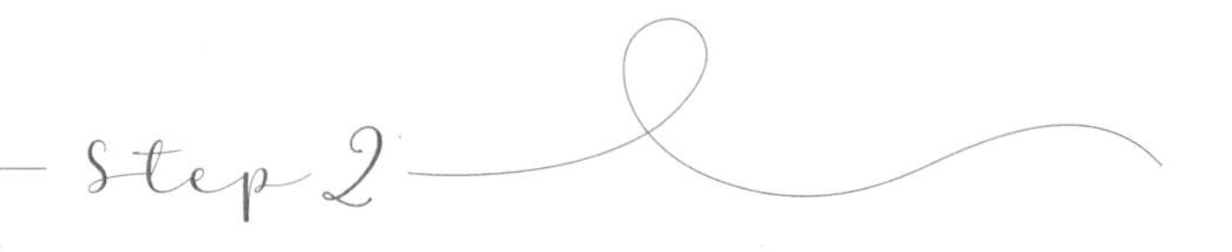

밀어 펴기

반죽을 밀대 또는 파스타 머신으로 밀어 펴요.
면의 종류에 따라 링귀네는 0.2cm 두께로, 파파르델레와 라자냐는 0.1cm 두께로 얇게 펍니다.

밀대 사용하기

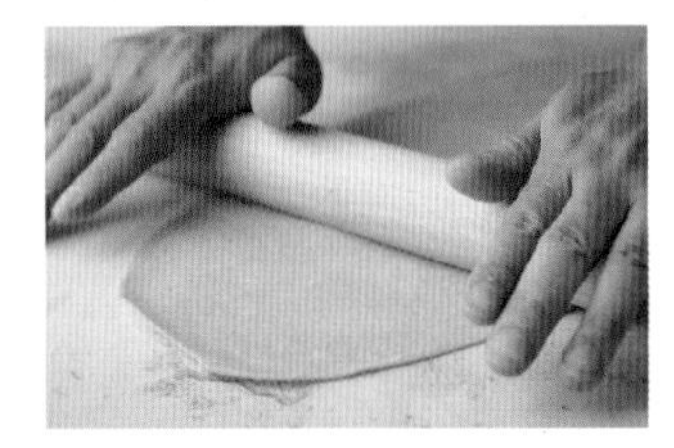

1 작업대에 덧가루를 뿌리고 반죽을 올린 후 밀대로 밀어 편다.

파스타 머신 사용하기

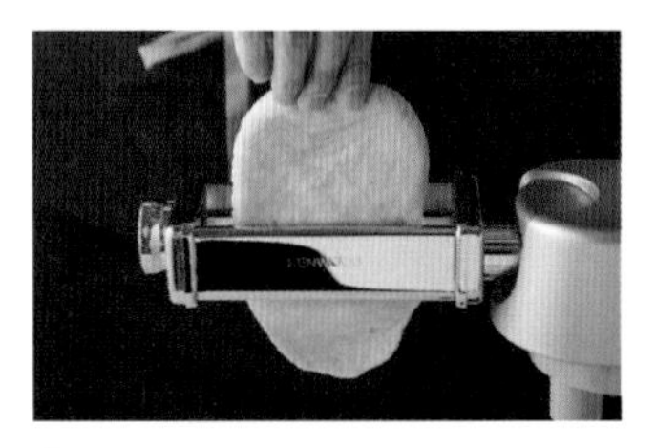

1 반죽을 파스타 머신에 넣을 정도의 두께가 되도록 손으로 납작하게 누른 후 파스타 머신에 넣는다.
* 사진의 머신은 제과제빵도 가능한 반죽기에 파스타 액세서리(제면기)를 장착한 제품.

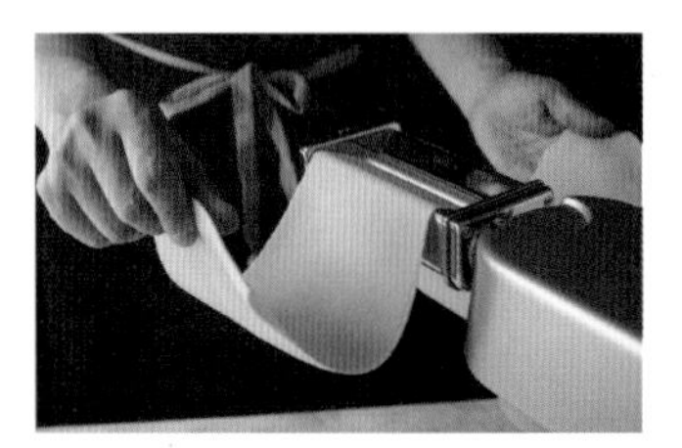

2 원하는 두께가 될 때까지 파스타 머신에 넣는 것을 반복한다.

Gourmet point

반죽을 어느 정도 밀어 편 후 반죽에 허브를 붙여서 몇 번 더 밀면 모양도 예쁘고 향도 좋은 허브 파스타가 완성돼요.

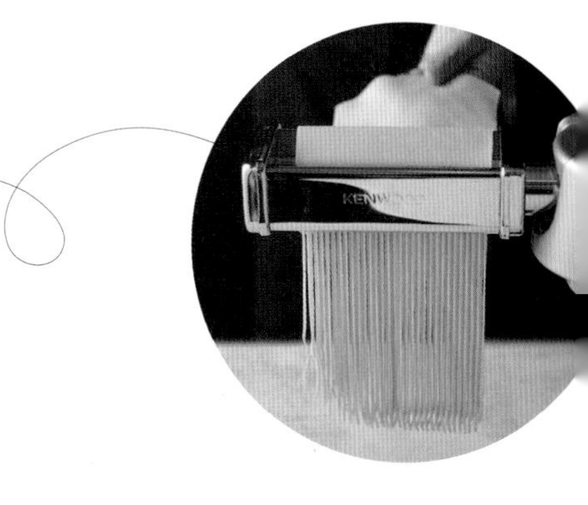

Step 3

썰기

칼을 이용해 원하는 크기로 파스타를 썰어요.
면을 뽑을 수 있는 파스타 머신을 사용하면 편리해요.

링귀네

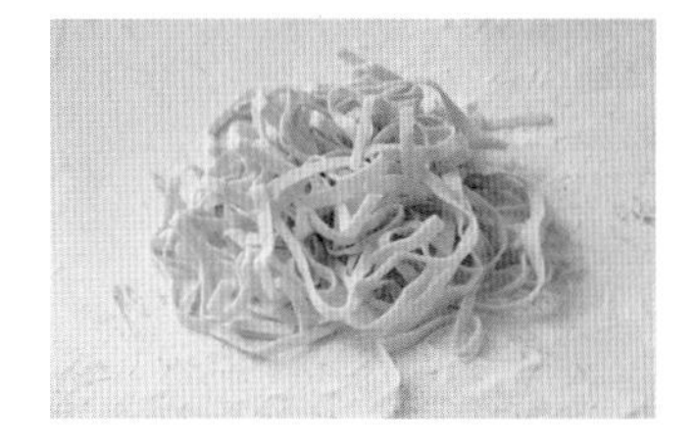

0.2cm 두께로 편 반죽에
덧가루를 뿌리고 돌돌 만 다음
0.3cm 폭으로 썬다.

파파르델레

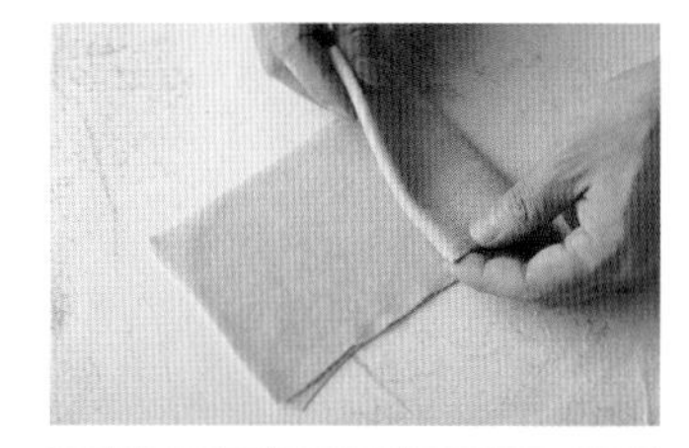

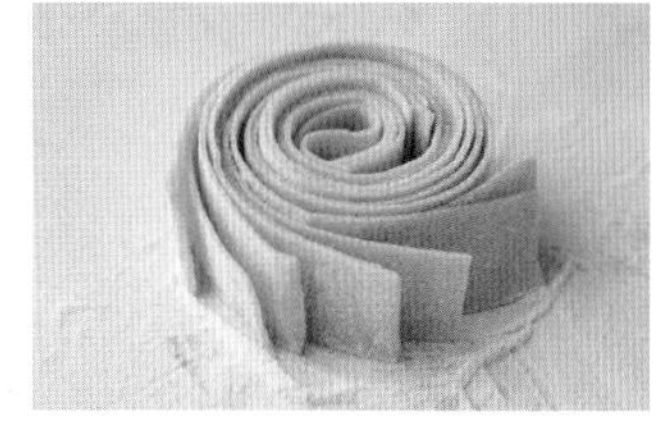

0.1cm 두께로 편 반죽에
덧가루를 뿌리고 3~4번 접은 후
2.5cm 폭으로 썬다.

라자냐

0.1cm 두께로 편 반죽을 레시피에
따라 5×12cm 또는 8×15cm
크기로 썬다. * 사진과 같이
파스타 커터를 사용하면 편하다.

부라타 토마토 생면 파스타

부라타치즈를 톡 터트려 섞어 먹으면 촉촉하고 고소한 맛이 좋아요.
여성들과 아이들이 특히 좋아하는 메뉴랍니다.

[기본 재료 준비하기]

- 생면 링귀네 80g
  (또는 스파게티, 링귀네)
- 채수 1/2컵(100㎖)
- 토마토소스 1컵
  (또는 시판 토마토소스, 200㎖)

생면 링귀네 만들기
123쪽

채수 만들기
(또는 시판 스톡 활용)
26~27쪽

토마토소스 만들기
29쪽

*

[만들기] 1인분 / 15~20분

추가 재료

- 부라타치즈 1개
  (또는 보코치니, 생모짜렐라치즈)
- 대추방울토마토 5개
  (또는 토마토 1/3개, 65g)
- 엑스트라 버진 올리브유 2큰술
- 버터 1큰술(10g)
- 면수 1/2컵(100㎖)
- 그라나파다노치즈 간 것 1큰술
  (또는 파마산치즈가루, 8g)
- 소금 약간
- 바질 5~6장

면 삶는 물

- 물 7컵(1.4ℓ)
- 꽃소금 약 1큰술(15g)

prep

1 냄비에 면 삶는 물 재료를 넣고 센 불에서 끓어오르면 생면 링귀네를 넣어 1분간 삶은 후 면수 1/2컵(100㎖)을 덜어둔다. 링귀네는 체에 밭쳐 물기를 뺀다.
* 생면이 아닐 경우 7분간 삶는다.

2 대추방울토마토는 2등분한다.

cooking

3 팬에 올리브유 1큰술, 대추방울토마토, 소금을 넣고 중간 불에서 2분간 볶는다.

4 토마토소스, 채수, 면수를 넣고 중간 불에서 2~3분간 끓인 후 링귀네를 넣고 센 불로 올려 1~2분간 소스가 사진과 같이 넉넉하게 남을 정도로 졸인다. 불을 끄고 버터를 넣어 섞는다.

5 그릇에 담고 그라나파다노치즈 간 것을 넣는다. 부라타치즈를 올리고 올리브유 1큰술을 뿌린 후 바질을 올린다.

브라사또 생면 파파르델레

'브라사또(Brasato)'는 이탈리아에서 소고기를 와인에 절여 부드럽게 익히는 조리법을 말해요.
압력솥에 고기를 1인분만 익히기는 어려워서 이 메뉴는 2인분으로 소개합니다.

[기본 재료 준비하기]

- 생면 파파르델레 150g
  (또는 파파르델레)
- 닭육수 2컵(400㎖)
- 토마토소스 1컵
  (또는 시판 토마토소스, 200㎖)

생면 파파르델레 만들기
123쪽

+

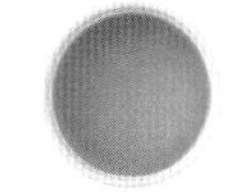

닭육수 만들기
(또는 시판 스톡 활용)
28쪽

+

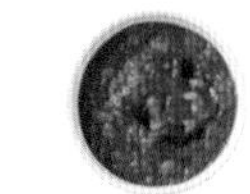

토마토소스 만들기
29쪽

*

[만들기] 2인분 / 25~30분

추가 재료

- 소고기 양지(또는 국거리, 300g)
- 양파 1개(200g)
- 레드와인 1/2컵(100㎖)
- 버터 1큰술(10g)
- 카놀라유 2큰술(또는 다른 식용유)
- 소금 2작은술
- 그라나파다노치즈 간 것 1큰술
  (또는 파마산치즈가루, 8g)
- 이탈리안 파슬리 다진 것 약간
  (또는 셀리리 잎 다진 것)
- 통후추 간 것 약간

면 삶는 물

- 물 7컵(1.4ℓ)
- 꽃소금 약 1큰술(15g)

prep

1 냄비에 면 삶는 물 재료를 넣고 센 불에서 끓어오르면 생면 파파르델레를 넣어 1분간 삶은 후 체에 밭쳐 물기를 뺀다.
* 생면이 아닐 경우 7분간 삶는다.

2 양파는 사방 2cm 크기로 썰고, 소고기는 사방 3~4cm 크기로 썬다.

cooking

3 달군 팬에 카놀라유, 소고기, 양파를 넣고 중간 불에서 4~5분간 볶는다.

4 압력솥에 ③의 소고기와 양파, 토마토소스, 레드와인, 버터, 소금, 닭육수를 넣고 센 불에서 끓이다가 추가 울리면 중간 불로 줄여 15분간 익힌다.

5 달군 팬에 파파르델레, ④의 소고기와 국물 2컵을 넣고 센 불에서 2~3분간 소스가 사진과 같이 넉넉하게 남을 정도로 졸인다. 그릇에 담고 그라나파다노치즈 간 것, 파슬리 다진 것, 통후추 간 것을 뿌린다. * 기호에 따라 소금을 넣는다.

Gourmet point

브라사또의 부드러움을 살리는 게 포인트예요. 덩어리 고기를 사용하는 게 좋고, 익힐 때는 압력솥 사용을 추천해요. 만약 압력솥 사용이 어렵다면 큰 냄비에 닭육수를 더 넉넉하게 넣고 부드럽게 으깨지는 정도로 오래 익혀요.

시금치 행커치프 생면 파스타

넓은 면이 행커치프를 닮은 파스타예요. 우리나라에서는 넓은 생면 파스타가 다소 생소할 수 있지만, 외국에서는 썰어 먹는 파스타로 종종 먹는답니다.

[기본 재료 준비하기]

- 생면 라자냐 80g
  (5×12cm, 또는 파파르델레)
- 채수 1/2컵(100㎖)

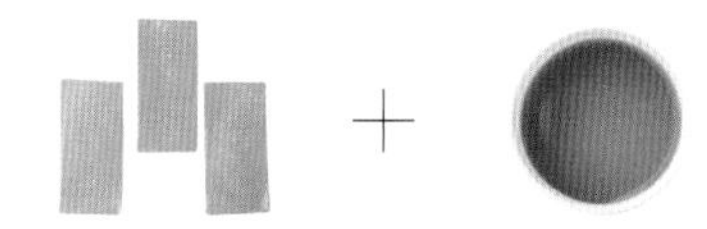

생면 라자냐 만들기
123쪽

채수 만들기
(또는 시판 스톡 활용)
26~27쪽

*

[만들기] 1인분 / 20~25분

추가 재료
- 버터 1큰술(10g)
- 엑스트라 버진 올리브유 1큰술
- 면수 1/2컵(100㎖)

시금치크림
- 시금치 2줌(100g)
- 감자 1/4개(50g)
- 양파 1/10개(20g)
- 버터 2와 1/2큰술(25g)
- 설탕 1/2큰술
- 소금 1작은술
- 생크림 1/4컵(50g)
- 채수 2컵(400㎖)

면 삶는 물
- 물 7컵(1.4ℓ)
- 꽃소금 약 1큰술(15g)

prep

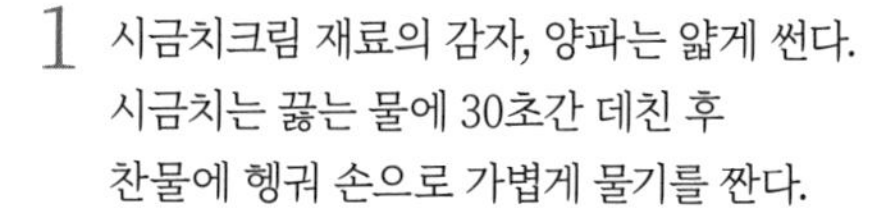

1 시금치크림 재료의 감자, 양파는 얇게 썬다. 시금치는 끓는 물에 30초간 데친 후 찬물에 헹궈 손으로 가볍게 물기를 짠다.

2 냄비에 시금치를 제외한 시금치크림 재료를 넣고 중간 불에서 10~12분간 끓인다.

3 믹서에 ②, 시금치를 넣고 곱게 갈아 시금치크림을 만든다.

4 냄비에 면 삶는 물 재료를 넣고 센 불에서 끓어오르면 생면 라자냐를 넣어 1분간 삶은 후 체에 밭쳐 물기를 뺀다.
* 생면이 아닐 경우 6분간 삶는다.

cooking

5 팬에 라자냐, 시금치크림 1컵, 버터, 채수, 면수를 넣고 센 불에서 3~4분간 소스가 사진과 같이 넉넉하게 남을 정도로 졸인다. 그릇에 담고 올리브유를 뿌린다.

라구 생면 라자냐

라구소스와 베샤멜소스, 치즈, 생면 조합의 클래식한 이탈리아 라자냐예요.
오븐에서 구워 식감이 더 좋습니다. 생면 라자냐는 반죽만 미리 만들어두면
따로 삶지 않아도 돼서 더 간편하게 만들 수 있어요.

[기본 재료 준비하기]

- 생면 라자냐 4장
  (8×15cm, 또는 라자냐)
- 라구소스 1컵(200㎖)

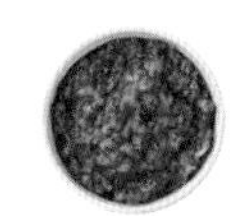

생면 라자냐 만들기
123쪽

라구소스 만들기
32쪽

*

[만들기] 1인분 / 35~40분

추가 재료

- 슈레드 모짜렐라치즈 1컵(100g)
- 그라나파다노치즈 간 것 1/4컵
  (또는 파마산치즈가루, 약 25g)
- 엑스트라 버진 올리브유 약간
- 통후추 간 것 약간
- 이탈리안 파슬리 다진 것 약간
  (또는 셀리리 잎 다진 것)

베샤멜소스

- 버터 3큰술(30g)
- 밀가루 중력분 약 4큰술(25g)
- 우유 1과 1/2컵(300㎖)
- 소금 2/3작은술
- 그라나파다노치즈 8g
  (또는 파마산 치즈가루)

prep

1 중간 불에서 냄비를 달군 후 버터를 넣고 녹인다. 밀가루를 넣고 1~2분간 섞어 화이트루를 만든다. 이때 밀가루가 타지 않고 연한 노란빛이 되어야 한다.

2 우유를 조금씩 넣으면서 나무 주걱으로 잘 저어가며 5~6분간 끓인 후 소금, 그라나파다노치즈(8g)를 넣고 섞는다.

cooking

3 오븐을 160℃로 예열한다.
오븐용 그릇에 올리브유를 뿌린 후 라자냐를 넣고 라구소스(1/4분량) → ②의 베샤멜소스(1/4분량) 순으로 바른다.

4 모짜렐라치즈(1/4분량) → 그라나파다노치즈 간 것(1/4분량) 순으로 올린다. 과정 ③, ④를 3번 반복한 후 마지막에 올리브유, 통후추 간 것을 뿌린다.

5 160℃로 예열한 오븐에 넣고 25분간 굽는다. 한김 식힌 후 그릇에 담고 파슬리 다진 것을 뿌린다.
* 토마토소스를 더해도 좋다.

Gourmet point

생면이 아닌 라자냐 건면을 사용할 경우 포장지에 적힌 시간대로 면을 삶고, 오븐에 넣어 10~15분 정도 치즈가 녹을 정도로만 구워요.

파스타에 곁들이기 좋은 고메 피클 만들기

시야를 조금 더 넓히면 다양한 채소로 피클을 만들 수 있어요.
여기서는 조금 색다른 재료의 3가지 피클을 소개할게요.
쿠카멜론피클은 모양 자체도 특별할 뿐 아니라 아삭한 식감과 청량한 맛이 좋아요.
참외피클은 달큰한 맛이 특히 좋은데, 껍질을 살려서 만들어야 색도 예쁘고 식감도 아삭합니다.
열무피클에는 레몬과 홍고추를 더하면 모양도, 맛도 업그레이드됩니다.

[만들기]
700~800g분 / 냉장 10일

- 쿠카멜론 또는 참외(씨 포함) 또는 열무 700~800g

피클물

- 물 5컵(1ℓ)
- 식초 2컵(400mℓ)
- 설탕 1과 1/2컵
- 소금 1큰술
- 피클링 스파이스 2큰술

1 원하는 채소를 선택한다. 참외는 크기에 따라 2~4등분한 후 얇게 썰고, 열무는 6cm 길이로 썬다.

2 냄비에 피클물 재료를 넣고 센 불에서 끓여 끓어오르면 불을 끄고 완전히 식힌다.
* 피클물이 뜨거우면 채소 본연의 색감과 식감이 사라지기 때문에 완전히 식힌 후 사용한다.

3 체에 걸러 피클링 스파이스를 제거한다.

4 소독한 유리병에 채소를 담고 완전히 잠기도록 ②의 피클물을 붓는다. 하루 동안 냉장실에 보관한 후 먹는다. * 참외피클에는 딜을, 열무피클에는 레몬과 홍고추 슬라이스를 더하면 잘 어울린다.

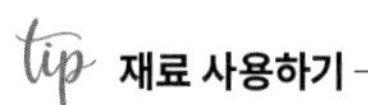

tip 재료 사용하기

이 밖에 콜라비, 목이버섯, 돼지감자, 토마토 등의 재료를 사용해도 좋다.

tip 유리병 소독하기

끓는 물에 병을 넣고 1분 정도 삶은 후 물기를 완전히 말리거나
100~150°C의 오븐에 10분간 돌린 후 사용하면 저장 기간을 늘릴 수 있다.

Epilogue

애독자님들이 이 책의 모든 레시피를 검증했습니다

이 책은 레시피팩토리의
애독자 열 분이 테스트쿡으로
참여해 사전에 레시피를
따라하며 실용성을 검증했고,
저자님이 의견을 반영해
최종 완성했습니다.

채소요리와 이탈리안 요리
전문가인 저자님만의 한 끗 다른
노하우와 레스토랑 파스타의
맛을 집에서도 즐기고자 하는
애독자들의 열정이 모여
레시피팩토리가 추구하는 소장가치
높은 요리책이 만들어졌습니다.

어느 때보다 더 열심히 검증에
참여하며 많은 질문과 의견을
들려주신 애독자 테스트쿡님들에게
진심으로 감사드립니다.

"검증을 거친 레시피팩토리의
책들은 독자를 고려한 레시피라서
쉽게 따라할 수 있고, 무엇보다
맛보장이죠! 땅콩을 넣은
바질페스토는 물론 생면 파스타의
쫄깃하고 부드러운 식감은 잊을 수가
없어 또 만들어 먹을 것 같아요.
쉽게 구할 수 있는 재료, 대체 재료로
심플하지만 맛있게 만들 수 있는
파스타의 팁을 배웠어요."
_ 강상희(뻐스)

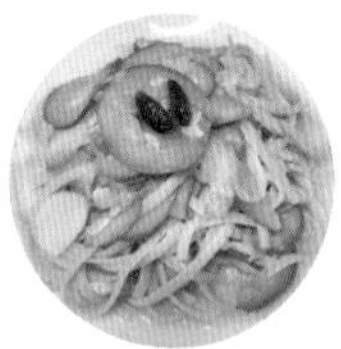

"아이부터 어른까지 다 함께
즐길 수 있고, 쉽지만 특별하게
만들 수 있는 파스타를 배우고
싶었는데, 평범한 토마토 파스타도
셰프님의 레시피는 다르더라고요.
검증하면서 손반죽으로 생면을 처음
만들어 봤는데 너무 힘들었지만
제대로만 한다면 맛있을 것 같아서
파스타 머신까지 구입했답니다."
_ 김보영(뽀미니맘)

"시판 소스로 만든 파스타가 아닌,
이탈리아의 어느 시골 할머니가
만들어 주시는 고메파스타를
맛볼 수 있었어요. 소스 한 방울까지
남기지 않고 싹 비운 크림 파스타는
물론 와인 파티나 불금에 파스타로
손님을 우아하게 대접하고 싶게
만드는 강력추천 메뉴들입니다."
_ 김아람(카페라떼러버)

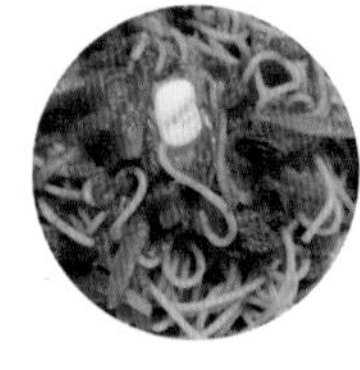
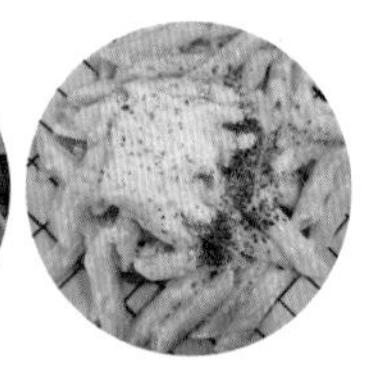

"검증단에 참여해 다양한 파스타를
맛보고 싶었어요. 그동안 제가 만들던
파스타보다 저자님의 고메 포인트가
더해지니 한층 더 맛있어지더라고요.
파스타를 만들 때 물과 기름이
부드럽게 엉겨 유화되면서
면을 코팅해주는 만테까레가 정말
중요하다는 것도 배웠습니다."
_ 김정아(은빛물결)

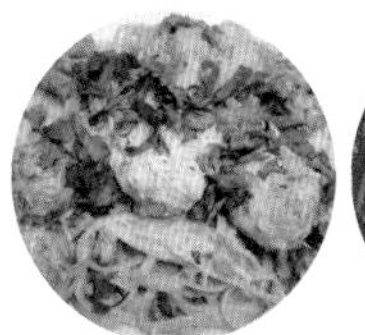

"요리 초보는 생소한 재료만 봐도
왠지 어려울 것 같아 요리를 포기하게
되거든요. 하지만 용기를 갖고 독자
검증단에 참여해 심플하지만 맛있는
파스타를 만들어 보고 싶었어요.
저자님의 레시피와 팁으로 레스토랑
못지 않은 파스타의 맛을 낼 수 있어서
진짜 요리사가 된 기분이었어요.
요리 초보에게도 강추하고 싶어요!"
_ 송혜진(서나맘)

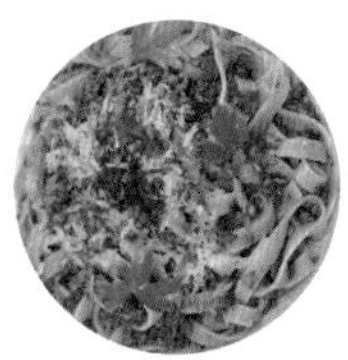

"직접 만든 토마토소스의 풍미,
감칠맛 폭발하는 라구소스는
세상 행복한 맛이었네요!
면과 소스의 조화가 정말 예술이어서
딸아이와 함께 마지막까지
'맛있다'를 연발하며 순식간에
다 먹었어요. 향긋하면서도 입안을
개운하게 해주는 이탈리안 파슬리는
필수이니 꼭 넣어야해요!"
_ 신혜숙(행복요리)

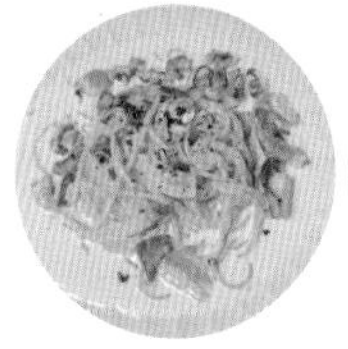
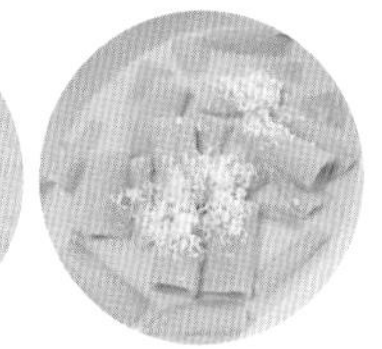

"집에서 만들어 먹는 파스타는
레스토랑에서 먹는 그 맛이
안나더라고요. 파스타계의 교과서가
될 이 책에 독자검증단으로
참여하고 싶었습니다. 시판 소스지만
저자님의 채수를 더하니 맛이 훨씬
풍부해졌어요. 재료 준비와 조리
과정이 어렵지 않아 앞으로 파스타를
자주 해먹을 수 있을 것 같아요."
_ 오혜미(혜안)

"너무 어렵고 생소한 재료가 아닌,
심플한 파스타가 궁금했어요.
저자님만의 맛있는 파스타 소스도
궁금했고요. 직접 해보니 조리법은
쉬우면서 특별한 맛이 느껴졌고, 다른
재료로 대체해도 너무 맛있을 것 같은
메뉴들이 많았어요. 모든 메뉴들이
상상 이상으로 맛있었습니다. 정말
자주 해먹을 것 같아요!"
_ 이선현(냉뽀)

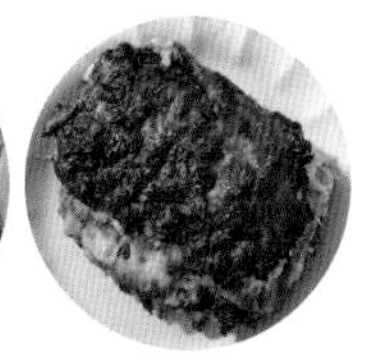

"요리 중에 제일 자신 없는 게
파스타라서 독자 검증단에 참여해
맛있게, 잘 만들어 보고 싶었어요.
직접 만든 소스와 채수를 넣으니
깊은 맛과 풍미가 느껴졌고,
아주 고급스러운 맛의 파스타가
완성되더라고요. 특히 냉파스타는
화려함과 함께 올리브의 조합이
예술이었습니다."
_ 이효정(은근매력쟁이)

"자주 사용하는 식재료로 맛있고
쉬운 한그릇 파스타를 만들고 싶어서
독자 검증단에 참여했답니다.
오일 파스타를 좋아하는 편이
아니었는데, 이런 오일 파스타라면
자주 먹고 싶다며 가족들도 엄지척!
채수로 감칠맛이 살아 있는,
파스타 전문점 못지 않은 맛을
즐길 수 있었어요."
_ 조정아(쫑아)

Index

재료별 메뉴 찾기

채소

버섯

과일

두부, 달걀

닭고기

소고기, 돼지고기

생햄, 소시지

생선

조개, 새우, 오징어

치즈

소스별 메뉴 찾기

오일소스

토마토소스

생크림소스

로제소스

라구소스

바질페스토

캐슈넛소스

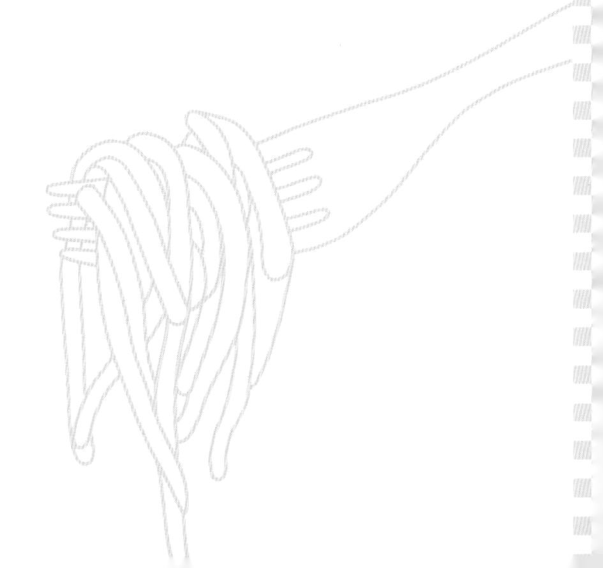

매일 만들어 먹고 싶은

고메파스타

1판 1쇄 펴낸 날 2024년 1월 9일

편집장 김상애
편집 고영아
디자인 원유경
사진 박형인(studio TOM)
애독자 테스트쿡 강상희, 김보영, 김아람, 김정아, 송혜진,
신혜숙, 오혜미, 이선현, 이효정, 조정아
기획 · 마케팅 정남영 · 엄지혜

편집주간 박성주
펴낸이 조준일

펴낸곳 (주)레시피팩토리
주소 서울특별시 용산구 한강대로 95 래미안용산더센트럴 A동 509호
대표번호 02-534-7011
팩스 02-6969-5100
홈페이지 www.recipefactory.co.kr
애독자 카페 cafe.naver.com/superecipe
출판신고 2009년 1월 28일 제25100-2009-000038호

제작 · 인쇄 (주)대한프린테크

값 18,800원

ISBN 979-11-92366-32-6

* 제품 협찬 / 바릴라, 켄우드 키친머신과 파스타 액세서리, 크로우캐년

local EAT